微生物靶向材料技术在油污治理中的应用

张少君　王明雨　著

人民交通出版社股份有限公司

北　京

内 容 提 要

本书提出的微生物靶向材料技术可以推广到溢油事故现场紧急使用，最大限度减少污染损害，保护海域环境和海洋资源。本书主要内容包括：绪论、靶向嗜油菌、固定化微生物技术、海藻酸盐靶向系统、聚乳酸载体靶向系统、磁性微生物靶向材料、多孔材料固定化酶、壳聚糖智能靶向系统以及石油烃的生物降解原理。本书适合有志于进入此领域的学生、研发人员参考使用。

图书在版编目（CIP）数据

微生物靶向材料技术在油污治理中的应用/张少君，王明雨著. —北京：人民交通出版社股份有限公司，2021.6

ISBN 978-7-114-17385-1

Ⅰ.①微… Ⅱ.①张…②王… Ⅲ.①微生物—应用—海洋污染—油污染—污染防治 Ⅳ.①X55

中国版本图书馆 CIP 数据核字（2021）第 110659 号

书　　名：微生物靶向材料技术在油污治理中的应用
著 作 者：张少君　王明雨
责任编辑：侯力文
责任校对：孙国靖　魏佳宁
责任印制：张　凯
出版发行：人民交通出版社股份有限公司
地　　址：（100011）北京市朝阳区安定门外外馆斜街 3 号
网　　址：http://www.ccpcl.com.cn
销售电话：（010）59757973
总 经 销：人民交通出版社股份有限公司发行部
经　　销：各地新华书店
印　　刷：北京交通印务有限公司
开　　本：787×1092　1/16
印　　张：7.75
字　　数：174 千
版　　次：2021 年 6 月　第 1 版
印　　次：2021 年 6 月　第 1 次印刷
书　　号：ISBN 978-7-114-17385-1
定　　价：30.00 元
（有印刷、装订质量问题的图书由本公司负责调换）

前言

交通运输部始终高度重视节能减排和环境保护工作，把发展绿色交通作为行业践行绿色发展理念和加强生态文明建设的战略举措。2017 年，交通运输部印发《关于全面深入推进绿色交通发展的意见》，明确提出了绿色交通发展的一系列目标。交通运输部作为主管部门，高度重视船舶和港口的污染防治工作，提出船舶和港口污染防治的 11 个方面 72 项重点任务，指导我国船舶与港口大气污染、水污染等有效防控和科学治理等“绿色航运”问题。绿色航运是绿色交通的重要组成部分。研究先进的海上交通污染监测与治理方法是实现“海洋强国”战略目标的重要环节，对我国海上交通的发展具有重要的作用和意义。

海上运输、石油开采和船舶事故造成的溢油事故频繁发生，溢油污染不仅给海洋环境带来生态灾难，也给各国带来了巨大的经济损失。溢油污染的清除已成为全球性难题。研究高效清除溢油污染的方法，恢复受污染的生态环境，是各海洋国家、政府和科研部门极为重要的责任。目前，清理溢油污染的主流方法是物理法和化学法，二者可以快速清理大部分溢油，但对于机械无法清除的海面薄油膜、悬浮油、乳化油，以及禁止使用化学药品的近海岸，安全可靠的生物法起到难以替代的作用。根据现有事故性溢油量计算，修复污染海域需要 5000t 以上石油烃降解菌（嗜油菌），单纯依靠自然降解过程时间漫长，环境受害深广。因此，在当前的环境污染治理和生态恢复中，生物修复技术作为一种高效、经济的清洁技术，可通过优化环境因子加快自然生物降解速率，越来越受到政府部门、科研工作者和企业的青睐。

薄油膜、悬浮油、乳化油是海上溢油污染初期的主要存在形式，但因嗜油菌自身比重的问题，其施放到海洋后多数沉降于海底，妨碍了与浮油的有效接触。因此，必须改进和完善生物修复技术。选择可漂浮、亲脂性、生物相容性的固定化载体，将有可能实现海洋溢油污染生物修复技术质的飞跃。受“导弹药物”思想启发，探索能追踪分散油污的靶向性亲油载体，称之为“微生物导弹”。微生物导弹与普通的载体不同，它散落在残留于海水表面的薄油膜，则牢牢地亲和油膜降解，直到消除；它散落于海水，则漂浮于水面，找寻油滴和乳化油亲和降解；它落在沙滩上，在雨水、海潮、海风的推动下去亲和留在沙滩和多孔砂石中的残油。其包水多孔的内核是菌群保活、繁育的良好固定化与优化的营养环境，在残油表面实现降解直到消除，显现出“导弹”作用。靶向性固定化技术既可以用于点源污染治理，又可以用于面源污染治理，快速、高效地处理海上溢油和钻井平台的溢油对沙滩、海岸、港口、渔场等造成的污染，并可以推广到溢油事故现场应急使用，最大限度地减少污染损害，保护海洋环境。

本书深入浅出地介绍了微生物靶向材料技术的基础知识及研究、开发和产业化进展历程，主要介绍进入 21 世纪后的发展状况和相关的研发方向，对有志于介入此领域的学生、研发人员有引导入门的作用。本书指出了该领域可能的研究方向和目标，供读者学习参考。

本书由山东交通学院张少君和王明雨合著，具体的分工如下：王明雨负责前4章；张少君负责后5章。全书由张少君拟定大纲并统稿。本书在编写过程中参阅和引用了国内外有关微生物治理污染的大量论著、资料和案例，在此对这些论著、资料和案例的作者表示最诚挚的谢意！

由于作者所掌握的资料不全且水平有限，书中难免存在不足之处，恳请读者批评指正。

作　者

2021年3月

目录

1 绪论

享有“工业血液”之称的石油及其炼制品(汽油、煤油、柴油等)是当今工业生产中最重要的能源和工业原料。但是,石油在推动人类社会经济巨大发展的同时,也给自然生态环境,尤其是海洋环境带来了无法回避的污染和生态破坏。石油是全球海洋环境中危害范围最广、危害程度最为严重的有机污染物,国际组织对此给予了极大的关注。

海上石油污染主要源于石油的海上钻井开采、船舶航运、工业民用含油废水的排放和溢油事故等。全球每年因油轮事故溢入海洋的石油约为 3.9×10^5t,非油轮事故溢油约为 1.7×10^5t。溢油不仅造成巨大的经济损失,而且给海洋环境带来难以修复的生态灾难。因此,科学、快速、高效地清除海洋溢油污染,保护生态迫在眉睫。

研究高效清除油污的方法,恢复受污染的生态环境是各国海洋管理部门和相关学者关注的问题。溢油事故发生后,启动应急响应清理溢油首先采用物理法(如使用围油栏、吸油船和吸附材料)、化学法(如利用燃烧法、分散剂、消油剂)和生物法。自然界中每年有 1.3×10^6t 原油通过渗透泄漏到海洋,这些原油最终由海洋中石油烃降解菌通过自然降解而消除。石油烃降解菌能够以烃为碳源生长繁殖,分解海水表面油膜、乳化油、半潜油,具有比物理法、化学法清理更彻底的优点。石油烃降解菌对石油烃的降解能力是溢油污染修复的生物学基础,直接决定了污染的修复效率,因此生物技术被认为是解决石油烃污染问题的根本方法。但事实上,人为因素造成的原油泄漏远远超过了自然界石油烃降解菌的分解能力。单纯依靠自然降解这个过程时间太漫长,环境受害广且深,需要用人为培育石油烃降解菌强化降解,快速、全面地清除广为分散的残油。

生物修复旨在刺激自然生物降解速率,不会造成任何不利影响。生物技术最初大规模应用于 1989 年的“埃克森 · 瓦尔迪兹”(Exxon Valdez)号油轮溢油事故的污染修复现场。几十年以来,人们利用从自然界分离出的超级石油烃降解菌、在实验室构建的基因工程菌,或者通过向污染海域添加氮、磷等营养物质,促进石油烃降解菌快速生长繁殖,从而消除污染,修复生态。

生物修复海洋溢油污染在应用中存在三大问题:一是石油烃成分非常复杂,采用单一降解菌很难达到较好的降解效果;二是使用游离态的降解菌处理海上浮油尚存在一定缺陷,降解菌投放入海后多因亲油差、比重大、适应环境差等问题而大量损耗,从而影响环境修复效果;三是海洋中生物降解石油烃的过程极为复杂。针对这三大问题,本书从介绍石油烃降解菌(嗜油菌)开始,重点介绍靶向性固定化嗜油菌的载体材料,克服外界复杂环境因素影响,抵御恶劣环境,加快降解速率,提高生物修复效果;探索靶向性固定化载体降解石油烃的原理,阐述影响降解效率的步骤,为大规模的海上溢油降解行动提供依据。

1.1 海洋石油污染现状

1)海洋溢油污染的来源

目前,大部分石油资源的交易需要通过船舶运输进行。因恶劣天气和海况,船舶碰撞、搁浅、触礁、火灾等海损事件造成的污染事故不断发生。据国际海事组织(IMO)估算,每年因各种原因进入海洋的石油总量至少达 3.2×10^6t,其中因海损事故等造成的溢油污染约占海洋油类污染总量的47%。20 世纪 70 年代以来,在海岸和海洋空间进行的石油勘探、开采、管道输运及加工活动日益增多,但海洋生态环境管理制度不完善及管理不到位,由海上设备故障或不当操作导致的海上溢油污染事故频发,致使海岸和海洋生态环境遭受了严重的破坏。

例如,2010 年,墨西哥湾“深水地平线”钻井平台爆炸,发生井喷事故,三个月持续漏油总量约为 7×10^5t。事故不仅给墨西哥湾沿岸地区的商业、渔业、旅游业造成了不可估量的经济损失,也对墨西哥湾沿岸地区的生态环境造成了难以恢复的破坏,同时还危及当地居民的身体健康。2011 年,美国康菲公司开发的蓬莱 19-3 油田发生漏油事故,污染油田周边海域 840 km^2,生态环境遭受严重破坏。2013 年 11 月,青岛市黄岛区中石化输油管线破裂,泄漏原油约 2000t,海面过油面积约 3000m^2。2018 年 1 月,巴拿马籍油船“桑吉”轮在长江口以东约 160 海里处发生碰撞后起火爆炸,“桑吉”轮上载有 13.6 万 t 凝析油,面积最大的溢油分布区约为 164km^2,面积最小的溢油分布区约为 10km^2。

2)生态危害

海洋溢油进入海水系统后,迅速在海水表面形成一层广阔的油膜,每滴石油在水面上形成 0.25m^2的油膜,每吨石油能够覆盖水面高达 $5 \times 10^6 m^2$。油膜覆盖于海面,阻碍了海洋与大气之间的物质交换与能量传输。例如,阳光不能完全照射到海水,影响了海洋中植物的光合作用,进而影响整条食物链的能量传输;同时,油膜还会阻断 O_2、CO_2 等气体的交换,导致海水中的 O_2 无法得到及时的供应,CO_2 无法被释放出去,进而导致海水的酸碱平衡发生变化,从而影响全球性气候变化。

当海鸟扑食时,油膜会粘在海鸟的羽毛上,致使其不能飞行;海鸟的羽毛上覆盖了石油后,会丧失保温和防水的功能,海洋里的冷水会渗透海鸟的皮肤,使其因为体温过低而死;海鸟使用喙清理羽毛,原油里的有毒物质随之进入体内,导致海鸟中毒而死。据美国《国家地理杂志》报道,墨西哥湾溢油事件发生后,受污染海域海鸟死亡数达 28 万只。虽然海狮、海豹、鲸等海洋哺乳动物与鸟类相比体温恒定,形态结构上也减少了对环境的依赖性,但是海洋哺乳动物与鸟类类似,体表均被毛,当海洋哺乳动物的毛皮上背负了油膜后,防水和保温功能也将丧失。鲸和海豚会因躲避海洋石油污染的海域而偏离航道,丧生在逃亡途中或产生集体自杀行为。石油具有很强的亲脂性,对鱼类神经系统的损害尤为明显,可使仔鱼狂躁不安、神经麻痹,从而导致石油中的有毒物质更快地侵入其体内;且仔鱼形态较小、游动速度较慢,不能有效地回避石油污染。不同石油浓度暴露组中成鱼的鳃部均分布着散性油滴,导致其正常呼吸受阻,最终死亡。浮游生物是海洋初级生产力的主力军,约占海洋生态系统初级生产力的 90%。浮游生物数量的减少最终会导致海洋食物链中各级生物量的减少,使整个生态系统失衡。溢油产生的薄油膜阻碍阳光进入海水及O_2与CO_2在海水中的扩散,导致浮游生物光合作用减弱以及固碳能力降低,危及海洋生态系统的自净和修复能力。同时,海洋溢油污染还会导致海水中氮、磷等营养盐浓度降低,进而影响浮游生物的生存和生长,使得海洋初级生产力降低。原油中含有大量的挥发性有机物和重金属,若其在环境中长期存在,会直接影响生物的正常生长发育,造成海洋生物多样性降低、生态系统失衡。

海洋溢油事故发生后,会有大量石油颗粒沉降到海底,持久性的多环芳烃类(PAHs)化合物会在沉积物中富集。大多数底栖生物(如海星、海胆等棘皮动物)对海水及生存环境的要求十分苛刻,即使在受溢油污染十年后的海域,底栖生物的死亡率仍然很高,导致受污染海域的底栖生物多样性和种群密度持续降低,海底生态环境遭受严重破坏。

3)对海洋旅游业的危害

海洋旅游业依赖于优美的海岸和海洋生态环境,石油开采运输、海上船舶运输、港口码头作业等生产活动会损坏滨海环境,影响滨海旅游业的发展。溢油污染具有破坏力大、污染性强、影响范围广且恢复期长等特点,不仅会造成景区观光娱乐设施损坏、景区门票收入减少、相关工作人员身体上的伤害,还会对政府声誉造成损害。

4)对人类的危害

对溢油清除工作暴露人群进行的流行病学和基因组学研究发现,与普通人群相比,暴露人群普遍出现背疼、头痛、呼吸道问题、心理失调以及眼睛和皮肤刺激等急性症状,且一部分人内分泌系统发生病变,具有明显的神经性中毒的特征。

5)溢油的循环过程

溢入海洋的石油会发生复杂的物理、化学和生物变化过程,统称为风化过程。风化过程对溢油的归宿起着至关重要的作用。风化过程所涉及的变化过程取决于溢油地点、时间和环境条件,以及油品的性质、理化组成等。石油对生态环境的毒性很大程度上受风化过程的影响。风化过程使溢油的物理和化学性质不断发生变化,将其重新分配到海洋环境中。当石油进入海洋体系后,一部分会从海水表面挥发到大气中,一般为石油总含量的30%~40%。如图1-1所示,在海水表面的石油还会在太阳的照射下进行光氧化分解。其分解程度受水温和光照强度的影响,在水温较低时,主要受光照强度的影响,在强光照的辐射下,其降解程度可达50%左右,低于10%的石油烃被氧化为可溶性的物质溶解到海水中。随着海水的迁移运动,石油烃类会逐渐氧化为溶解分散态、气溶胶等形式,此过程受油膜厚度、海水温度、水层所受到的光辐射强度以及油水混合程度的影响。当海水中的石油达到一定的浓度后,对石油的降解主要是海洋微生物的生物化学降解,最终氧化后的烃类可以进入生物细胞的各种循环而被利用。生物降解过程中,降解速率和降解效率都会受到一些因素的影响,主要包括pH值、水温、盐度、水体溶解氧和营养盐浓度等。此外,微生物降解石油烃还与油的种类、油类颗粒的大小以及油体的分布密切相关。石油烃类残留物随挥发和溶解迁移时,其密度增加,形成固体小颗粒下沉,油膜和分散态的液滴附着在海洋中悬浮颗粒上下沉,溶解的烃类吸附在固体颗粒物上下沉,最终都会沉落到海底的沉积层,由生物降解清除。

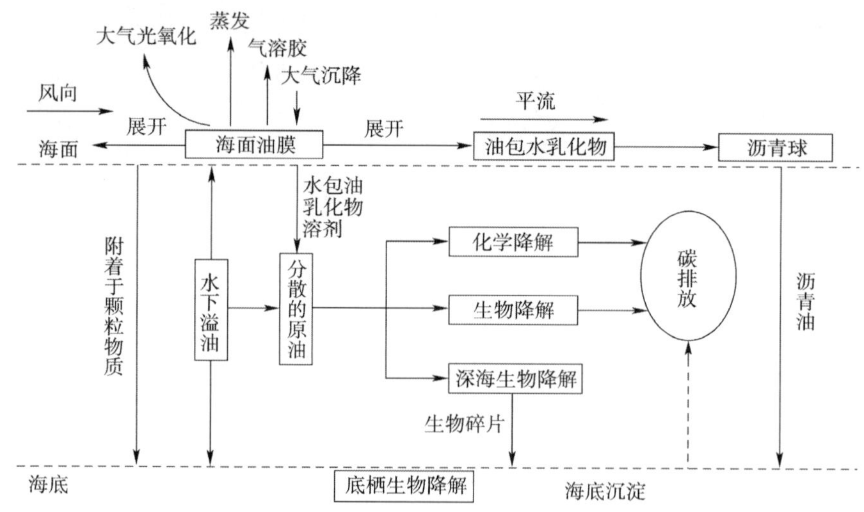

图 1-1　海洋环境中石油烃类的迁移降解过程

1.2　溢油处理技术

清除海上溢油的方法分为三大类,即物理法、化学法和生物法。溢油事故发生后,通常综合采用物理法、化学法和生物法进行清理,各种方法的优缺点见表 1-1。

溢油事故的处理方法及优缺点　　表 1-1

溢油处理方法		优　点	缺　点
物理法	围油栏围控法	适用于平静的海面,阻止溢油进一步扩散和漂移	受浪高、流速影响较大,不适用于乳化油
	撇油器回收法	适用于大规模回收溢油	溢油的杂质易导致撇油器故障
化学法	溢油分散剂法	对石油烃起到增溶乳化的效果,见效快	溢油并没有真正消失,对海洋生物存在危害;高黏度、低温环境乳化率低,费用昂贵
	现场燃烧法	操作简单	有爆炸性、二次燃烧、大气二次污染、生物安全危害
生物法	自然处理法	环境友好,无二次污染	时间漫长
	生物降解法	油污染的最终去向是被微生物分解	受含油量、油成分、温度和含氧量等环境条件的影响,需要人工强化手段协助降解

1) 物理法

溢油事故发生后,首先要启动应急响应,采用物理法进行处理,其中包括围油栏阻止溢油的扩散、吸油材料吸附溢油以及机械回收溢油等。围油栏阻止溢油扩散使用撇油器回收石油,并配合使用天然或合成的吸附材料,借助不同类型的围栏或充气动臂,将油浓缩成更厚的层,便于回收。不同类型的撇油器(堰式、亲油式和吸式撇油器)适用于特定类型的油和存在冰或碎屑的特殊现场。吸油材料大多为天然的或合成的聚合物材料。在现场应用中，使用天然产物秸秆吸附油污最为有效;另外使用各种化学合成的吸油棉、吸油毡作为清除浮油的补充手段。回收溢油需要花费大量人力和物力,处理费用高昂。

2)化学法

化学法主要是采用溢油分散剂和燃烧法处理溢油。溢油分散剂广泛应用于海上溢油污染的应急处理,主要用于开阔的水面和深水中。分散剂是表面活性剂和溶剂的混合物，可将溢油分散成小颗粒,在波浪和洋流的作用下形成小液滴。溢油分散剂只是改变溢油的形态,将大油滴分散成肉眼看不见的小油滴,实际上是向海洋中加入人工合成化学品，并不能使溢油真正消失。盐度、温度、pH 值、海水流体力学、石油烃风化等因素对溢油乳化的影响很大。2010 年,墨西哥湾"深水地平线"探井漏油事故发生后,英国石油公司使用大量的化学分散剂消除溢油。尽管有研究认为适量使用溢油分散剂并不会影响生物降解，但大量使用溢油分散剂是否对石油烃降解菌造成影响还存在很大争议。在溢油分散剂的作用下,原油释放的有害化学物质,如多环芳烃,经过食物链的累积、传递,对人体有强烈的致癌作用。

燃烧法属于化学法的一种,是通过点燃海上溢油使其消失。燃烧法主要用于处理大型海上溢油事故,能够快速处理海上石油勘探、生产、运输等过程中发生的溢油事故,其局限性在于处理效果受含水率和油层厚度的影响。燃烧法可以烧掉约 50% 的溢油,但会引起更难处理的二次污染,诸如大气污染。

3)生物法

海水表面的薄油膜和乳化油是物理法和化学法难以清除的污染物。大自然的自净能力是消除污染的终极解决方法,但恢复自然生态的时间漫长,需要几十年甚至上百年的时间,环境受害广且深,需要人工手段辅助强化这一自然过程。

在海洋自然环境中,存在以石油烃类为碳源和能量的微生物,称之为石油烃降解菌。对这类微生物进行选择、培育、改良后得到降解性能好的菌种,可用于处理石油污染问题。与化学、物理方法相比较,利用海洋微生物降解的方法费用低、没有二次污染,应用前景广阔。利用生物法治理石油污染实质上就是利用降解菌的新陈代谢酶将污染物进行催化分解,从而最终完全去除污染物对环境的影响与危害的过程。如图 1-2 所示,石油烃污染海洋环境修复的生物技术途径主要有两种形式:一是生物强化技术,包括向石油污染海域投放降解能力强的微生物菌群和使用表面活性剂;二是改变环境,通过向石油污染海域投入氮、磷等营养盐,促进原有微生物的代谢。

原位生物修复通常被认为是清理石油烃污染最有效和可持续的方法之一。1989 年,"埃克森·瓦尔迪兹"号油轮在美国阿拉斯加州威廉王子湾触礁,泄漏 3.55×10^4t 原油,污染了 1750km 海岸线,埃克森公司和美国环保局(EPA)采用刮油器将水中的浮油收集起来,选用亲油性肥料 EAP22™ 和胶囊状的缓释肥料 *Customblen* 清除沙滩表面鹅卵石上黏附的油污。此举开创了生物修复溢油污染的先河。在此后的几十年里,通过向环境中添加营养成分促进石油烃降解菌生长繁殖,多次取得了生态修复的成功。如 1994 年 Bragg 课题组使用生物法处理"埃克森·瓦尔迪兹"号溢油,进一步表明了生物修复法理论和实施的可行性。2010 年,"深水地平线"溢油事故泄漏了约 7×10^5t 原油,在海面以下 1500m 处形成细小的油滴,这些油滴的去向一直是个谜。美国加利福尼亚州劳伦斯伯克利国家实验室成员在灾区附近1200m深处收集了天然海水,研究海水中石油烃降解菌群落的进化过程,以及每个物种分解碳氢化合物能力的基因。分析表明,大部分残油已经被石油烃降解菌降解。我国开展嗜油菌筛选和应用的研究已经越来越多,尤其是2010年大连湾溢油事故使用生物修复剂取得了很好的效果。这些工作推动了生物强化降解溢油研究的进展。

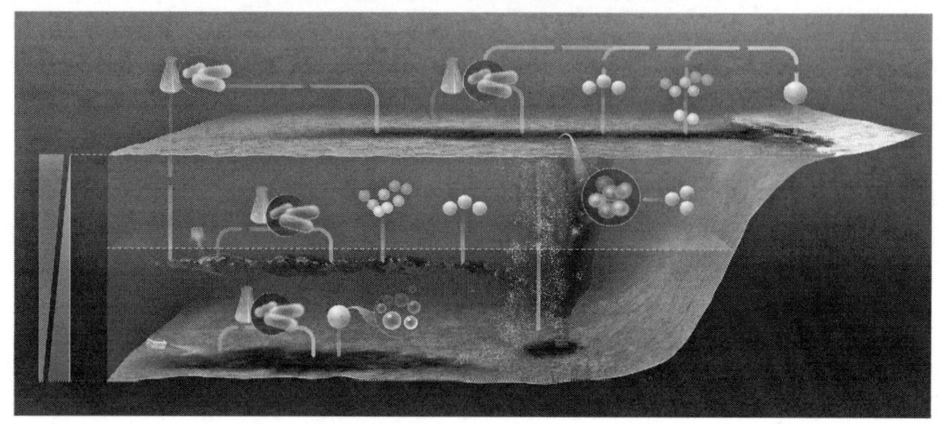

图1-2　石油烃污染海洋环境修复的生物技术途径

2 靶向嗜油菌

2.1 典型的嗜油菌及可降解的有机污染物

2.1.1 石油烃降解菌的筛选

微生物固定化技术中，微生物作为处理污染物的主体，对处理效果起关键作用。石油烃降解菌是一类以烃为碳源，能将石油烃氧化成无机物甚至完全分解为 CO_2 和 H_2O 的微生物。20 世纪 70 年代，美国亚特兰大大学研究发现，某些天然酵母菌不仅能靠“吃”石油生长繁殖，而且对阳光的杀菌效应和对海水的渗透压均具有较强的抵抗力，能钻到油滴中生长繁殖。由于这项研究起步较早，因此获得的石油烃降解菌的种类丰富。目前已经在海洋环境中发现 100 多个属的 200 多种石油烃降解菌，其中包括细菌(79 个属)、真菌(103 个属)，以及藻类(19 个属)等。据统计，嗜油菌仅占微生物群落总数的 1%，当出现溢油污染物时，嗜油菌的比例增加至 10%。自然界中石油烃类的降解常以混合菌群的联合作用效果较好。微生物种类繁多，可通过施加一定压力对微生物进行筛选，并应用于固定化技术中。石油烃降解菌的筛选流程如图 2-1 所示。以受溢油污染的海水、沙滩、沉积物中筛选出的石油烃降解菌为种源，进行纯培养、诱变、基因改造，继而复壮扩培；测试石油烃降解菌对原油、浮油、乳化油的降解效果，并将测试结果反馈到降解菌筛选和混合培养等环节，重复研究。例如，在实际应用中，根据工业含油污水中复杂污染物的特性，从废水处理系统的活性污泥中筛选得到具有普适性特点的高效降解细菌进行培养。从深海中筛选出高效石油降解菌，用于解决海水乃至深海中石油污染问题。

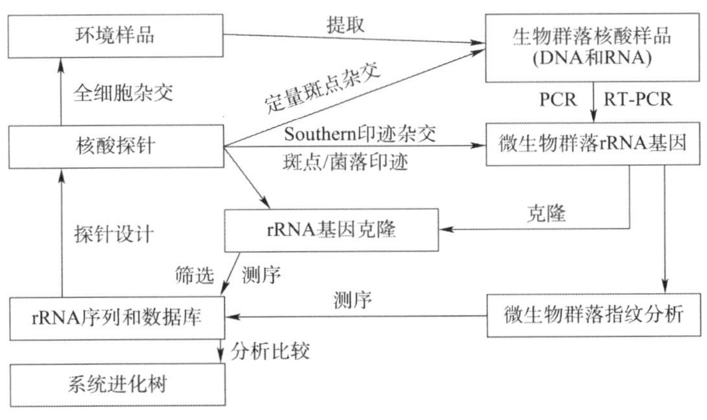

图 2-1　石油烃降解菌的筛选流程图

常见种属的石油烃降解菌主要分为细菌、真菌和藻类。典型的嗜油细菌和真菌及其可降解的有机污染物见表 2-1 和表 2-2。

典型的嗜油细菌及可降解的有机污染物 表 2-1

序　号	名　称	降解底物
1	假单胞菌属	PCBs、硝基苯酚、PCP、苯甲酸、氯代脂肪烃、烷烃、芳香烃、酚类、萜烯、甾体
2	甲基球菌属	2,4-D、有机磷、甲草胺、甲烷、甲醇、甲醛
3	微球菌属	原油、PAHs
4	甲基单胞菌属	卤代脂肪烃、烷烃
5	食烷菌属	石油烃、PAHs
6	莫拉氏菌属	石油烃、氯代苯胺
7	不动杆菌属	烷烃、PCBs、对硫磷
8	黄杆菌属	烷烃、PAHs、氯代脂肪烃
9	海杆菌属	石油烃、PAHs
10	产碱菌属	石油烃、PAHs、PCBs、对硫磷、氰戊菊酯、杀灭菊酯、阿特拉津、茅草枯
11	埃希氏菌属	石油烃、P-六氯环己烷
12	气单胞菌属	石油烃、PAHs
13	弧菌属	石油烃、PAHs
14	芽孢杆菌属	石油烃、偶氮染料、PCP、土霉素、七氯
15	梭菌属	偶氮染料、P-六氯环己烷、DDT、氯代脂肪烃
16	生丝微菌属	甲醇、乙醇、甲胺、氯代烷烃
17	棒杆菌属	石油烃、PCBs、DDT、2,4-D、二甲四氯、百草枯、草枯醚
18	节杆菌属	烷烃、氯代脂肪烃、PCBs
19	分枝杆菌属	烷烃、烷基苯、PAHs、氯代脂肪烃
20	红球菌属	烷烃、乙腈、霉菌毒素、PAHs
21	小单孢菌属	烷烃、PAHs
22	亚硝化单胞菌属	氮源、卤代脂肪烃
23	无色杆菌属	烷烃、PAHs、苯甲酰脲类杀虫剂、呋喃丹、DDT、六氯环己烷、氰戊菊酯、西维因、2,4-D、二甲四氯、苯甲酸、苯酚、氯酚、孔雀绿
24	食碱菌属	烷烃
25	固氮弧菌属	烷烃
26	短杆菌属	烷烃、对硫磷、甲基对硫磷
27	铬杆菌属	烷烃
28	解环菌属	烷烃、PAHs

续上表

序　号	名　称	降解底物
29	脱硫球菌属	石油烃
30	脱硫弧菌	石油烃、硫酸盐
31	戈登氏菌属	石油烃、PAHs
32	米氏球菌属	石油烃
33	诺卡氏菌属	碱渣废水、DDT、狄氏剂、艾氏剂、七氯、五氯硝基苯、2,4-D、茅草枯
34	苍白杆菌属	石油烃
35	假杆菌属	石油烃
36	八叠球菌属	石油烃、灭草隆
37	鞘氨醇杆菌属	石油烃、PAHs、纤维素
38	鞘氨醇单胞菌属	石油烃、PCP
39	螺菌属	石油烃、PAHs
40	葡萄球菌属	石油烃、染料、芳香化合物、噻吩磺隆
41	寡养单胞菌属	石油烃、氯化农药、角蛋白废水、甲苯

典型的嗜油真菌及可降解的有机污染物　　表 2-2

序　号	名　称	降解底物
1	假丝酵母属	甘油酯、长链烷烃、石蜡、烷烃、苯酚
2	红酵母属	重质烃类、原油
3	球拟酵母属	非卤有机污染物、PAHs、二噁英/呋喃
4	枝孢菌属	PAHs、木质纤维素、氯氰菊酯
5	青霉属	PAHs、对硫磷、PCP
6	曲霉属	烷烃、西维因
7	镰刀菌属	PAHs、纤维素
8	尖孢霉属	石油烃
9	短梗霉属	石油烃
10	隐球菌属	石油烃
11	放线菌属	石油烃、纤维素
12	内霉属	石油烃
13	地霉属	石油烃
14	粘帚霉属	石油烃、纤维素
15	汉逊酵母属	石油烃
16	黄曲霉	石油烃、氯嘧磺隆
17	念珠菌属	石油烃

续上表

序　　号	名　　称	降解底物
18	被孢霉	石油烃、纤维素
19	毕赤酵母属	石油烃、正葵烷、十六烷、纤维素
20	内生酵母菌属	石油烃
21	罗氏酵母属	石油烃
22	酵母菌属	石油烃
23	硒藻属	石油烃
24	掷孢酵母属	石油烃、展青霉素
25	球拟酵母属	石油烃
26	毛孢子菌属	石油烃、纤维素

石油中含有200多种烃类，不同种属的石油烃降解菌对石油中各组分的降解优势不同，单一培养物很难同时降解环烷烃、链烷烃和芳香烃等不同结构的化合物，构建混合菌群可充分利用各种石油烃降解菌的协同作用，实现石油多组分的同步降解。

在海洋沙滩或底泥中存在大量能够降解溢油的原有微生物，溢油事故发生后，刺激以石油为碳源的原有微生物大量生长繁殖，从而改变原来菌群的结构，成为优势降解菌群，最终清除溢油。菌群与单一降解菌相比，具有繁殖快速、生命力强、处理效果好等特点，并可消除底物或产物对单一菌株的抑制，因此，菌群对石油烃的降解效果明显高于单一降解菌。建立菌群是保证同步降解石油烃中复杂组分的基础。在降解石油烃的过程中，降解菌之间的相互作用构成了复杂的微生态系统，微生态系统具有对外界干扰进行自我控制和自我适应的能力，系统的结构越复杂，稳定性越强，适应环境变化的能力也越强。因此，当溢油污染环境中的原有菌种生长过慢、代谢活性不高时，可以通过人为投加高效降解菌群来协助降解。

2.1.2　细菌

细菌包括真细菌和古菌，是降解有机物的主力军。石油烃降解菌占细菌总数的0.05%～0.13%。其中最具有代表性的是假单胞菌属，能够降解多种链烷烃、环烷烃。放线菌属于细菌，包括链霉菌属(*Streptomyces*)、诺卡氏菌属(*Nocardia*)和亚硝化单胞菌属(*Nitrosomonas*)，其中亚硝化单胞菌属能够降解废水中的氮源和卤代脂肪烃，部分放线菌属可以用于降解有机磷农药残留。下面介绍一些典型的石油烃降解菌。

1)泊库岛食烷菌

泊库岛食烷菌(*Alcanivorax borkumensis*)是海洋螺菌目中最著名的嗜油菌，该菌中度嗜盐，细胞好氧，革兰氏染色反应呈阴性，过氧化氢酶和氧化酶反应均为阳性。菌落特征为菌落光滑，呈灰白色，中间微微凸起。

2006年，西班牙Lorenzo课题组筛选出高效石油烃降解菌，即泊库岛食烷菌，该菌与溢油的相互作用如图2-2所示；同年，德国Schneiker课题组在*Nature*子刊*Nature Biotechnology*上发表了泊库岛食烷菌的基因组测序结果。该菌在墨西哥湾漏油事故的发生地生长旺盛。它能够降解链烷烃，同时能产生天然生物表面活性剂，与其他菌种产生协同效果，快速分解石油中的烷烃和环烷烃。

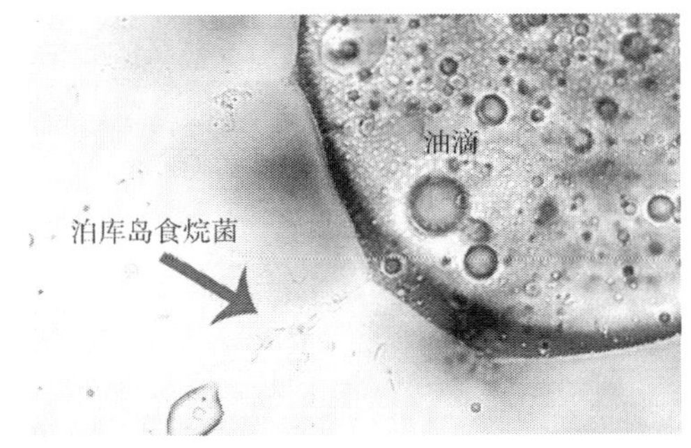

图 2-2　泊库岛食烷菌降解油污的扫描透射电子显微镜图

2）柴油食烷菌

柴油食烷菌（*Alcanivorax dieselolei*）的菌落呈圆形，无色透明，面光滑偏湿润，边缘规则，无晕环，菌落较小，微凸起；在 25℃条件下，生长 3 天，即能看见明显小菌落。

柴油食烷菌降解石蜡的发酵液中含有大量脂肪酸。对胞内胞外代谢物中脂肪酸进行碳链排序，推测出柴油食烷菌降解石蜡存在 β-氧化、ω-氧化等多种氧化方式，如图 2-3 所示。

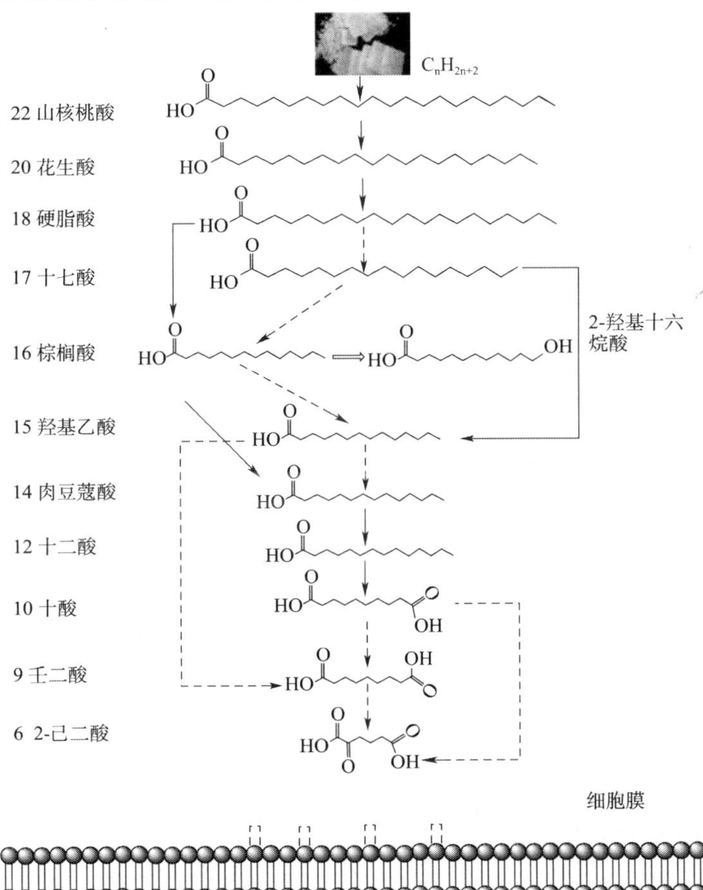

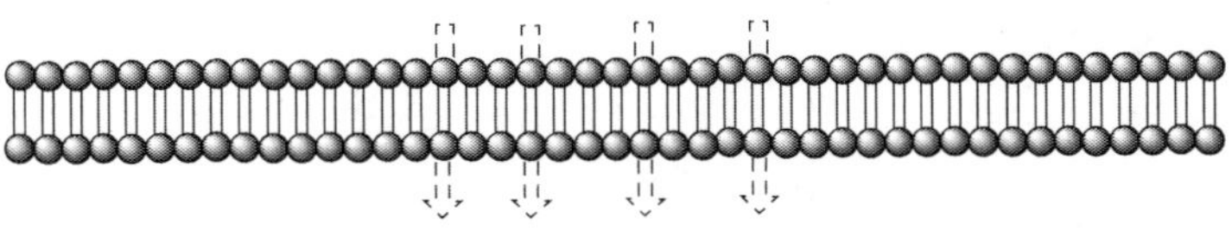

图　2-3

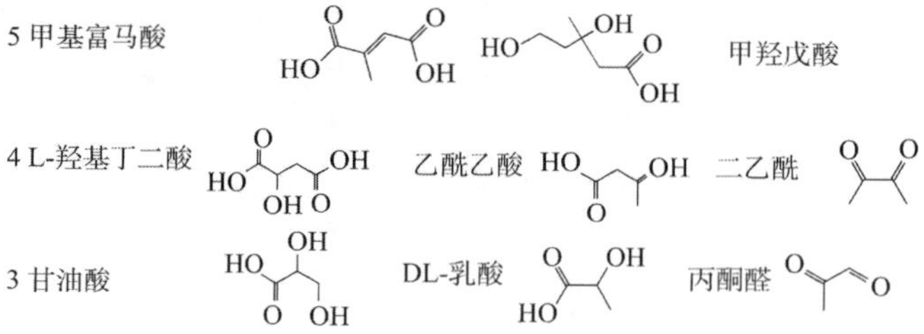

图 2-3 柴油食烷菌的石蜡降解途径

3)北极科尔韦尔氏菌

北极科尔韦尔氏菌(*Colwellia arctica sp. nov.*)生活在深海高压环境中,杆状细菌,严格嗜冷,生长温度为 -1 ~ 10℃。在 -10℃环境中也能生长,属于极端微生物/耐冷菌,好氧,革兰氏阴性菌。

4)太平洋食烷菌

太平洋食烷菌(*Alcanivorax pacificus*)原产地为中国。菌落光滑,菌落较小,直径为 0.8 ~ 1mm,呈灰白色或乳白色,中间微微凸起,半透明,湿润,有光泽,边缘整齐。太平洋食烷菌细胞好氧,革兰氏染色反应呈阴性,过氧化氢酶和氧化酶反应均为阳性。该菌中度嗜盐,分离基物为海水和深海沉积物,是有机污染物降解菌,擅长降解石油烃类。另外,该菌为产酶微生物,能够产生三丁酸甘油酯。

5)红灯码头食烷菌

红灯码头食烷菌(*Alcanivorax hongdengensis*)为革兰氏阴性菌,严格好氧,主要用于降解石油烃。该菌采集自西太平洋暖池区的深海沉积物,适宜的培养温度为 25℃,能以中链和长链(C_8 ~ C_{36})的烷烃为唯一碳源生长。

6)油螺旋菌

油螺旋菌(*Oleispira*)原产地为北冰洋。菌落呈圆形,浅白色不透明,表面光滑偏湿润,边缘规则,无晕环,中央微凸起,直径约 1mm;在 25℃海水 LB 培养基上,蛋白酶、淀粉酶阴性(3 天),脂肪酶(三丁酸甘油酯法)透明圈为(4 天,5/4)。该酶能够分解链烷,最终代谢产物为微生物细胞、CO_2 和 H_2O。

7)噬油深海弯曲菌

噬油深海弯曲菌(*Thalassolituus oleivorans*)与泊库岛食烷菌相似度很高,能够将链烷分解成微生物细胞、CO_2 和 H_2O。该菌数量的增长会抑制其他嗜油菌的生长繁殖,因为这种细菌会在降解油污的过程中与其他嗜油菌产生拮抗作用。

8)沼泽红假单胞菌

沼泽红假单胞菌(*Rhodopseudomonas palustris*)是一种典型的光合细菌,形态为杆状到卵形,尺寸为(0.6 ~ 2.5)μm × (0.6 ~ 5.0)μm;极生鞭毛可运动;(G + C)mol% 为 64.8% ~ 66.4%;可在黑暗好氧条件下异养生长。沼泽红假单胞菌广泛应用于处理有机废水,在光照条件下,可以快速降解石油污染。

9)格氏假单胞菌

格氏假单胞菌(*Pseudomonas grimontii*)广泛分布在土壤和水中,也有寄生在动植物体中的;兼性厌氧,革兰氏染色呈阴性,杆菌;极生鞭毛可运动,具有一至数条极毛;培养温度为

30℃；氧化酶阳性，接触酶阳性。

10）日本假单胞菌

日本假单胞菌（*Pseudomonas japonica*）的分离基物为污水处理厂的活性污泥。该菌为革兰氏阴性菌，棒状，菌落为圆形；有极性丛生鞭毛，不形成孢子；大小约(2.0～3.5)μm×(1.3～1.7)μm；好氧型微生物，可以产蛋白酶、酯酶、脂肪酶、酸性磷酸酶等。其DNA的革兰氏染色阳性C含量为66mol%。该菌可降解烷基苯酚，最适宜的培养温度为28℃。

11）海桑小单孢菌

海桑小单孢菌（*Micromonospora sonneratiae*）分布于土壤、腐败植物或水体淤泥中。细胞为分枝的基内菌丝，但不断裂，菌丝直径为0.3～0.6μm，一般不形成气生菌丝。细胞壁的成分为Ⅱ型，不运动。DNA序列中的GC含量高，(G+C)mol%为71.4%～72.8%。需氧，无气丝，最适生长pH值为7～9。在基内菌丝分化出来的孢子丝顶端可形成单生的暗色孢子，孢子耐热性强，可抗70℃(30min)，也耐干旱。该菌对pH6以下敏感，生长温度为20～40℃，耐NaCl最大浓度为2%。菌落常呈黄橙色、紫红色或深褐黑色。大多数是好氧菌，能形成发育良好和分枝的底物菌丝。

12）海榄雌小单孢菌

海榄雌小单孢菌（*Micromonospora avicenniae*）的DNA序列中GC含量高，革兰氏染色阳性，无气丝，最适生长温度为28℃，最适生长pH值为7～9。

13）枯草芽孢杆菌

枯草芽孢杆菌（*Bacillus subtilis*）为革兰氏阳性菌，着色均匀；需氧，易培养，对环境适应能力很强，具有耐酸、耐高温和耐盐能力。其芽孢尺寸为(0.7～0.8)μm×(2～3)μm，芽孢形成后菌体不膨大；无荚膜，周生鞭毛，能运动。枯草芽孢杆菌制剂已被广泛应用于较高浓度的畜牧业、养殖水体的净化中，对于水环境中的亚硝酸氮、氨氮有良好的去除效果。

14）地衣芽孢杆菌

地衣芽孢杆菌（*Bacillus licheniformis*）的菌体宽0.6～0.8μm，长1.5～3μm。地衣芽孢杆菌细胞形态和排列呈杆状、单生，能产生抗活性物质，并具有独特的生物夺氧作用机制，能抑制致病菌的生长繁殖。地衣芽孢杆菌是一种在土壤中常见的革兰氏阳性嗜热细菌，在一般环境下以生长态存在。

15）蜡样芽孢杆菌

蜡样芽孢杆菌（*Bacillus cereus*）的细胞为杆状，末端方，成短或长链，尺寸为(1.0～1.2)μm×(3.0～5.0)μm。该菌为革兰氏阳性，兼性需氧，能形成芽孢，芽孢不突出于菌体，形成椭圆形内生芽孢，好氧。蜡样芽孢杆菌具有耐盐性，生长温度范围为20～45℃，10℃以下生长缓慢或不生长。

16）短小芽孢杆菌

短小芽孢杆菌（*Bacillus pumilus*）属于芽孢杆菌属，革兰氏阳性，菌体呈细杆状，菌体的大小一般为(0.6～0.7)μm×(2.0～3.0)μm。该菌存在半透明型和不透明型两种不同的菌落形态，基本各占一半。

17）环庚基脂环酸芽孢杆菌

环庚基脂环酸芽孢杆菌（*Alicyclobacillus cycloheptanicus*）的细胞呈直和近直的杆状，菌体大小为(0.3～0.8)μm×(2～4.5)μm,生长温度为40～70℃,革兰氏染色阳性或可变,产芽孢。该菌专性嗜酸,pH2～6可生长;好氧或兼性厌氧。

18)海水芽孢杆菌

海水芽孢杆菌(*Bacillus aquimaris*)为革兰氏阳性菌;菌体呈杆状;有芽孢;多数运动;暴露于空气中不妨碍孢子的形成;无荚膜。海水芽孢杆菌的菌体分散排列,菌落表面光滑,边缘不规则。海水芽孢杆菌能迅速降解水中的有机碎屑,有效地降低水中化学需氧量(COD)和生化需氧量(BOD)的值,同时还能通过硝化和反硝化作用等降低水中硝酸盐、亚硝酸盐和氨氮的含量,优化养殖环境。海水芽孢杆菌具有解磷作用,可提高水体环境中可溶性磷的含量,而且可大幅度地转化有机磷化物,提高其可利用性。

19)太平洋大洋杆状菌

太平洋大洋杆状菌(*Oceanibaculum pacificum*)细胞不能运动,呈短杆状,菌体长约1.7～2.1mm,宽约0.5～0.7mm,革兰氏染色阴性,菌落表面光滑,呈灰色,直径为1～2mm。该菌中度嗜盐,生长在NaCl为0～9%(最佳为1.5%～5.0%)和温度为10～45℃(最佳为28～37℃)的条件下。

20)深海微小杆菌

深海微小杆菌(*Exiguobacterium profundum*)的形态特征为圆形,隆起,白色,光滑,短杆,分散,无鞭毛,不运动。绝大多数微小杆菌能够耐受pH 10的碱性环境,有的菌种甚至能耐受10%(m/V)以上的NaCl浓度。深海微小杆菌具有较强的降解污染物的性能。从被石油污染的土壤及沉积物中筛选出来的*E. aurantiacum* NCDO 2321能以柴油为唯一的碳源、能源,且对不同链长(C_9～C_{26})的正烷烃都表现出了良好的降解能力,对C_{10}～C_{16}的去除率可达到60%～80%,对C_9、C_{17}～C_{19}、C_{26}可完全降解。深海微小杆菌是一种有潜力的嗜油菌。

21)申氏不动杆菌

申氏不动杆菌(*Acinetobacter schindleri*)属革兰氏阴性菌,菌落为圆形,呈隆起状态,表面光滑。该菌无鞭毛,不能运动,菌体形态为短杆状,分散分布。不动杆菌广泛分布于自然界中,易在潮湿环境中生存,以水体和土壤中居多。最佳培养温度为30℃。

22)海洋交替赤杆菌

海洋交替赤杆菌是*Altererythrobacter*属的微生物,细菌细胞呈杆状(长为1.0～1.2mm,宽为0.4mm)。菌落表面光滑,呈黄色,直径为1～2mm。该菌革兰氏染色反应为阴性,分离基物为深层海水,培养温度为30℃。

23)解烷烃游动微菌

解烷烃游动微菌是*Planomicrobium*属的微生物,异养,短杆,多聚排列。该菌为兼性厌氧光养菌,光照厌氧和黑暗好氧条件下均能很好生长。DNA的革兰氏染色阳性C含量为35～47mol%。培养温度为30℃。

24)苔草草拉氏杆菌

苔草草拉氏杆菌是*Rathayibacter*属的微生物,菌株为球形,分生,以二分裂方式增殖;菌落为白色,圆形,边缘整齐,隆起,光滑,有光泽,黏稠;革兰氏阳性菌,产芽孢。

25)山东散生杆菌

山东散生杆菌(*Patulibacter shandongensis*)菌落呈白色;革兰氏阳性;DNA的(G+C)含量

为 72.7mol%；产磷脂酰甘油；好氧型微生物，应用于降解环境激素塑化剂；培养温度为 28℃。

26）噬胺甲基杆菌

噬胺甲基杆菌（*Methylobacterium aminovorans*）为好氧菌，形态为直、弯或分枝的杆菌，没有螺旋体。细胞染色为革兰氏阴性，以氧为末端电子受体的严格呼吸型。该菌以单个极毛运动，以甲烷、甲醇和甲醛为唯一碳源，在生长过程中不需要生长因子。

27）鼠李糖乳杆菌

鼠李糖乳杆菌（*Lactobacillus rhamnosus*）能够降解油料作物，为革兰氏阳性菌；厌氧耐酸、不产芽孢；最适宜的培养温度为 37℃。鼠李糖乳酸杆菌是人体益生菌，该菌长期定植于肠黏膜，有增强肠道黏膜屏障、抑制病原菌、合成多种维生素及降低胆固醇等功能。

28）内海黄杆菌

内海黄杆菌（*Flavobacterium flevense*）属于黄杆菌纲，为革兰氏阴性杆菌；非发酵型，氧化酶阳性，接触酶阳性，还原硝酸盐阳性；最适宜的培养温度为 25℃。

29）藤黄节杆菌

藤黄节杆菌（*Arthrobacter luteus*）是一种放线菌。该菌为革兰氏阳性菌，呈短杆状。菌落呈圆形，隆起，表面光滑，颜色为黄色。它是一种兼性厌氧、多形态、分支、非运动、非孢子形成、不耐酸和过氧化氢酶阳性的杆菌，生长过程中需要氧气，不需要光照，可用于生物降解材料降解性能研究。培养温度为 30℃。

30）棒杆菌属

棒杆菌属（*Corynebacterium sp.*）细菌进行氧化性或发酵性代谢；过氧化氢酶阳性；DNA 的（G+C）mol% 为 51%～63%。在细胞壁中含有分枝菌酸。少数好氧而多数兼性厌氧，有的菌株还须添加 5%～10% CO_2才能生长。在培养基中加入血液或血清可促进其生长。最适生长温度为 37℃，最适 pH 为 7.0。多数种可分解糖类产酸产气。培养温度为 28℃。

31）海丝氨酸球菌

海丝氨酸球菌（*Serinicoccus marinus*）为异养型细菌，革兰氏染色为阳性。海丝氨酸球菌在生长过程中不需要阳光，需要氧气，不需要添加生长因子和其他营养物质。接触酶反应阴性，氧化酶反应阴性。

32）微球菌

微球菌属于微球菌科（*Micrococcaceae Pribram*），形态小，聚集排列，球状，多以二联体方式排列，无芽孢，接触酶阳性；一般为单生、对生和多方向分裂形成四联体或不规则的立体菌落；好氧，不需光照；产气，产少量酸或不产酸；有较强的抗胁迫能力；对多种抗生素有一定抗性；最适生长温度为 37℃。微球菌属包括藤黄微球菌、玫瑰色微球、变异微球菌等。微球菌属革兰氏染色为阳性。该菌属的细菌营养要求不一致，最适生长温度为 25～30℃。接触酶和氧化酶均弱阳性，具有耐盐性，可在含有 5% 的 NaCl 中生长。该菌广泛存在于自然界，无明显的污染源。菌落均呈圆形，边缘整齐，颜色为柠檬黄色或金黄色，大多数菌落叠聚在一起呈链状或成片排列，少数为单菌落。该菌有降解聚乙烯和耐辐射能力。

33）微泡菌

微泡菌（*Microbulbifer sp.*）细胞杆状，不透明，鞭毛侧生，革兰氏阴性，严格好氧，氧化酶与过氧化氢酶阳性，细胞被来源于表皮细胞膜的泡囊包裹，生长需要糖类、脂肪酸、氨基酸。

同时,需要用海水培养基培养。

34)海微泡菌

海微泡菌(*Microbulbifer maritimus*)细胞杆状,革兰氏阴性,严格好氧,氧化酶与过氧化氢酶阳性,细胞被来源于表皮细胞膜的泡囊包裹,生长需要糖类、脂肪酸、氨基酸,可用海水培养基培养,培养温度为30℃。该菌广泛存在于海洋环境中,可以生产一些生理活性物质和海藻成分降解酶等。

35)巴塞尔贪铜菌

巴塞尔贪铜菌(*Cupriavidus basilensis*)为革兰氏阴性短杆菌,DNA 的(G + C)mol% 为68.6%;培养温度为30℃;好氧;可降解环境污染物二苯醚,以及苯酚类、芳烃类等有机物。

36)伯克霍尔德氏菌

伯克霍尔德氏菌(*Burkholderia sp.*)已应用于生物防治、分解有毒物质等领域。许多伯克霍尔德氏菌具备固氮、溶解无机磷酸盐、产生植物激素以及生物防控等能力,能够快速降解高浓度含油废水,同时具有较强生长活性和环境温度适应能力。添加少量低浓度的表面活性剂能促进微生物的生长和油脂降解,合适的 Tween-80 浓度(100mg/L)能有效促进该菌降解油脂。外加碳源会不同程度地抑制伯克霍尔德氏菌对2,2′,4,4′-四溴联苯醚的降解。

37)链霉菌

链霉菌(*Streptomyces*)是一种革兰氏阳性丝状放线菌,可产生具有重要价值的多种次级代谢产物,被称为天然药物的合成工厂,少数种类是人体和动植物的病原菌。链霉菌的菌丝体发达,无分隔,以伸展在空间较粗的气生菌丝(直径为1~2μm)和较细、分枝、不会断裂的基内菌丝(直径为0.5~0.8μm)两种状态存在。其为好氧菌,化能有机营养型,以好氧呼吸获取能量,最适生长温度为25~35℃,最适 pH 为6.5~8.0。通过培育得到的耐镉链霉菌可以对镉元素产生吸附作用,能有效应用于镉污染水体的修复与治理中。某些链霉菌属白孢类群对石油具有较好的乳化和分散能力,经其作用后,C_{12}~C_{34}长链正构烷烃可几乎消失,长链烷基苯、菲、甲菲和萘含量也明显降低。

38)亚硝化单胞菌属

亚硝化单胞菌属(*Nitrosomonas*)细菌为革兰氏阴性菌,细胞大小为(0.8~1.0)μm×(1.0~2.0)μm;单生、对生或成短链;生活于土壤、淡水和海水生境中。细胞呈杆状或椭圆状,不运动或以1~2条次极生鞭毛运动。细胞质的周缘排列有片层状的细胞膜。分布于海洋的菌株,其细胞外有S层构造。(G + C)mol%为47%~51%。严格好氧,营自养生活,可将氨氧化为亚硝酸。亚硝化单胞菌可对含氨氮生活污水和工业废水进行净化,某些菌株在最佳降解条件下,氨氮的去除率达到88.2%,主要将氨氮转化为硝酸盐氮,亚硝酸盐氮的积累很少。

39)红平红球菌

红平红球菌(*Rhodococcus erythropolis*)是红球菌属的微生物,是革兰氏阳性好氧菌。红球菌分布广泛,功能多样,可利用碳源包括C_{11}~C_{36}的正构烷烃和柴油烷烃,产生生物乳化剂,提高烷烃在水中的溶解度,明显促进活性菌株对烷烃的降解;能够降解多氯联苯和硝基化合物,对去除环境中的有毒多环芳烃起重要作用。扩大修复菌剂的应用范围,具有海洋滩涂石油污染生物修复的潜力。红平红球菌的另外一个重要特性是用于石油的生物脱硫,最大限度地保留石油产品的燃烧值。

40）诺卡氏菌

诺卡氏菌（*Nocardia sp.*）是革兰氏阳性菌，菌落橙红色、质地柔软、隆起，菌体较粗的有分枝；接触酶、硝酸盐还原、淀粉水解均为阳性，氧化酶、明胶水解为阴性；能利用葡萄糖、蔗糖等。诺卡氏菌是好气性杆菌，菌体多形态，有球状、杆状、丝状，菌体大小为0.6μm×(3～4)μm，无运动性，不生孢子。诺卡氏菌能够降解正构烷烃，能以原油、液蜡、柴油等烃类为唯一碳源生长并产生大量表面活性剂、乳化剂等，22h对烷烃的降解率可高达85%～93%，该菌在实际工程中具有较好的应用前景。

41）拟态弧菌

拟态弧菌（*Vibrio mimicus*）为革兰氏阴性菌，菌体为短弧状；兼性厌氧，最适pH为7.4～7.6，培养温度为37℃，最佳生长温度为28℃。拟态弧菌在无盐和1%的NaCl肉汤中均能生长。扫描电镜下，该菌菌体弯曲，大小约为(0.5～0.8)μm×(1.5～3.0)μm；透射电镜下，可观察到该菌有鞭毛，呈波浪状，无荚膜、芽孢。

2.1.3 真菌

真菌中的酵母菌是研究的最早的一类石油烃降解菌。其中，能够产生天然表面活性剂的假丝酵母菌属（*Candida*）应用最为广泛。假丝酵母菌以正烷烃为碳源进行石油烃发酵脱蜡，且可在降解石油烃的同时生产酵母蛋白。霉菌中的枝胞菌（*Cladosporioides*）可降解烷烃。青霉属（*Penicillium*）能够降解多种脂肪烃、PAHs和萜类。此外，曲霉属（*Aspergillus*）、镰刀菌属（*Fusarium*）也可用于降解溢油。

1）热带假丝酵母

热带假丝酵母菌（*Candida tropicalis*）细胞呈卵形或球形，大小为(4～8)μm×(5～11)μm，在试管液面有醭、无醭或有环；菌体沉淀于管底。在玉米粉琼脂培养基上加盖玻片培养时，会长出大量假菌丝以及各种芽孢子。热带假丝酵母菌能降解污水中的有机物，并同时获得酵母蛋白，既消除了环境污染，又获得产品。目前热带假丝酵母菌已成功用于食品、造纸等工业废水的处理，可对含酚废水进行降解。

2）红酵母

红酵母属（*Rhodotorula*）中的深红酵母（*Rhodotorula rubra*）和粘红酵母（*Rhodororula glutinis*）广泛分布于各种基物上，但在数量上深红酵母极大高于粘红酵母。小红酵母（*Rhodotorula Minuta*）分布范围也比较广泛，但数量较少。红酵母能够快速降解海洋中的石油烃污染物，其次生代谢产物为一种分解酶，能够裂解重质的烃类和原油，降低石油的黏度，在其生长繁殖过程中，还能产生溶剂、酸类、气体、表面活性剂和生物聚合物等化合物以利于驱油，然后由其他的微生物将石油烃进一步氧化分解成小分子，从而达到降解的目的。

3）球拟圆酵母

球拟圆酵母（*Torulopsis globosa*）多分布于土壤、水、灰尘等环境中。此属与假丝酵母同属隐球酵母科。其特征为化能异养；嗜温；趋酸；兼性厌氧。菌落乳白色、圆形、全缘、黏稠，1.6～3.0mm。细胞圆形、卵形、椭圆形，单个或双个，(2.0～3.0)μm×(2.5～4.0)μm。原始型菌丝；无性繁殖方式为芽殖。培养温度为28～30℃。很多种能发酵糖产酒精，但不能以肌醇作为唯一碳源。

4)解脂假丝酵母

解脂假丝酵母(*Candida lipolytica*)的菌株产生表面皱褶、边缘不齐的菌落。在玉米粉琼脂培养基上加压盖玻片后,可见有假菌丝和真菌丝形成。在真菌丝或假菌丝的顶端或中间会形成单个或成双的芽孢子,有时芽孢子轮生。该菌不发酵任何糖类,可同化的碳源有葡萄糖,可分解脂肪。该菌能利用煤油和石蜡油等正构烷烃作碳源,使石油脱蜡,降低其凝固点,且比物理和化学的脱蜡方法简单,同化长链烷烃的效果比其他假丝酵母好。

5)黄孢原毛平革菌

黄孢原毛平革菌(*Phanerochaete chrysosporium Burdsall*)是白腐真菌的一种,具有极强的酵解木质素的作用,能降解多种污染物,解酯酶、纤维素酶活性高。最适宜的培养温度为28℃。黄孢原毛平革菌的菌丝体为多核,一孢内随机分布多达15个细胞核,菌丝一般无隔膜,也无锁状联合。分生孢子为异核体,担孢子是同核体。黄孢原毛平革真菌的最典型应用是降解木质素。

2.2 微生物降解溢油的影响因素

溢油的降解速度除了受石油烃本身的化学组成、物理性质、石油烃降解菌的种类和数量影响,还受环境条件的影响。因此,可通过改变环境条件,如温度、pH、含水率及营养物含量等,提高石油烃降解菌对溢油的降解速率。

2.2.1 石油烃的理化性质

石油烃的组成、碳链长短、结构及溶解度均对生物降解存在较大的影响。石油烃种类不同,其理化性质和生物可利用性也不同。已知石油烃降解菌可以降解饱和烃、芳香烃、胶质和沥青质等组分。直链饱和烷烃最易被降解,芳香烃中的双环芳香烃和三环芳香烃比较容易被降解,稠环芳香烃难被降解,胶质和沥青质不易被降解。从分子结构的角度分析,石油烃降解菌的降解能力如下:小于C_{10}的直链烷烃>$C_{10}\sim C_{24}$直链烷烃>$C_{10}\sim C_{24}$支链烷烃>单环芳烃>多环芳烃。一般而言,$C_{10}\sim C_{18}$的链烷烃容易被降解,环烷烃的降解难于链烷烃,而芳香烃的降解更为困难。

石油烃的物理状态对原油的生物降解具有重要影响。从生物降解动力学的角度分析,石油烃的浓度较低时,溢油的浓度对降解效率影响较小,随着溢油浓度的增加,降解速率加快,然而浓度达到阈值后,降解速率反而会降低。

2.2.2 石油烃降解菌的种类

石油烃降解菌的种类对降解性能影响较大,混合培养的菌群比纯培养的降解菌降解速率快。石油中含有的已知烃类有200多种,不同种属的石油烃降解菌对石油中各组分的降解优势不同,单一培养物很难同时降解环烷烃、链烷烃和芳香烃等不同结构的化合物,构建混合菌群可充分利用各降解菌的协同作用,实现石油烃多组分的同步降解。

2.2.3 温度

温度是影响环境中烃类降解的重要因素,温度主要影响石油烃的物理状态、化学组成以及石油烃降解菌本身的代谢活性和降解酶的活性。较高的温度可以促进原油中一些对降解菌有毒害性化合物的挥发，也可以增加原油的乳化率，有利于溢油的生物降解。在进行生物修复时，要紧密结合船舶和海洋所处的气候条件和环境因子，海水温度低是海洋污染油的降解的重要限制因子。

2.2.4 营养盐

溢油中含有大量的碳和氢，而氮和磷相对缺乏，因此适时适量施用氮、磷肥料可以加快溢油的降解。就降解效果而言，无机氮优于有机氮，硝酸氮优于铵态氮。溢油中富含反应基团，可以与无机氮、磷结合，并限制消化作用和脱磷酸作用，使底物中有效氮、磷的含量降低。以厌氧菌清除污染为例，厌氧菌的生长繁殖需按一定的比例摄取碳、氮、磷以及其他微量元素，工程上主要控制投放的碳、氮、磷比例，因为其他营养元素不足的情况较少见。在碳、氮、磷比例中，碳、氮比例对厌氧消化的影响更为重要，厌氧法中，碳:氮:磷可以控制为(200 ~ 300):5:1。添加 NO_3—N、氮、磷处理河口滩涂 40 天，其硫化物、油类、总有机碳的去除率能够分别达到 89.7%、90.6% 和 13.8%。磷富集对溶解有机碳的生物降解有重要影响，无论磷的加入水平如何，均会增加地表水和土壤孔隙水中有机碳的生物降解。

2.2.5 溶解氧

石油烃降解菌对溢油的降解可以在有氧条件下进行，也可以在厌氧条件下进行。一般而言，石油中各个组分完全矿化为 CO_2 和 H_2O 需要一定的氧，溢油在厌氧条件下降解比有氧时要低几个数量级。研究人员利用好氧、兼性好氧降解菌在有溶解氧存在的条件下降解呈溶解、胶体状态的有机污染物，使其稳定无害化。溢油的生物处理过程中氧的利用效能即氧的动力效率在很大程度上受氧的转移效率的控制。

2.2.6 酸碱环境

酸碱环境影响有机物的生物降解，适宜的酸碱环境能够保证石油烃降解菌正常的生长代谢。对于石油烃降解菌来说，反应体系的 pH 值是影响其生物降解性能的一个重要因素。pH 值对微生物的影响较复杂，微生物对营养物质的吸收、胞外酶的产生及活性都需在适宜 pH 值下才能发挥最大效应。酸性环境会影响氮的转化，当 pH 稍高于中性时，对硝化作用及氮的进一步转化都比较有利。大多数石油烃降解菌适宜在 pH6 ~ 8 生存。

2.2.7 外源电子受体的供给

厌氧菌降解石油烃的研究越来越受到重视，已分离到以硫酸盐、硝酸盐、Fe^{3+} 为电子受体的厌氧菌降解石油烃或与产甲烷古菌共代谢石油烃。厌氧体系中，外源电子受体的供给对石油烃降解菌有极大影响。厌氧环境中 Fe^{3+}、NO_3^-、SO_4^{2-} 以及微生物代谢的中间产物皆可作为电子受体。外源电子受体过高或过低都会影响降解进程。

2.2.8 盐度

采用微生物法治理高盐环境石油污染时，盐度对传统非嗜盐微生物的生理特性及生命活动有很大影响,包括破坏细胞膜、致使酶变性、降低氧及石油烃污染物的溶解度等,从而导致微生物生长代谢能力显著减弱,降解效果急剧下降。而从受石油烃污染的盐碱地、海洋、盐湖等环境中分离筛选得到的嗜盐微生物,能够很好地适应盐碱土壤等高盐环境,可以在高盐环境中正常进行代谢活动,因此嗜盐微生物对高盐环境下石油污染治理起着关键性、决定性作用。

1)嗜盐微生物的种类

嗜盐微生物需要盐才能生长。根据嗜盐微生物生长所需的最适盐浓度差异,将其分为轻度嗜盐微生物、中度嗜盐微生物和极端嗜盐微生物 3 类。其对 NaCl 的需求、最适生长 NaCl 浓度范围(w/v)及分布种类见表 2-3。

不同微生物对 NaCl 的需求、最适生长 NaCl 浓度范围(w/v)及分布种类 表 2-3

微生物种类	对 NaCl 的需求	最适生长 NaCl 浓度范围(w/v)/%	分布种类
轻度嗜盐微生物	少量需求	1~3	多为海洋微生物
中度嗜盐微生物	需要	3~15	少数真细菌、蓝细菌、微藻
极端嗜盐微生物	需要	15~32	古细菌、盐球菌、盐杆菌、杜氏藻

石油是由有机物和无机物组成的复杂混合物,其中烃类所占组分可达 98%,烷烃、环烷烃和芳烃是石油中主要存在的 3 种烃类,研究证实多种微生物可以利用石油烃组分作为碳源在中度至高盐环境中生长。目前已经分离筛选出能够降解烷烃的嗜盐菌有盐单胞菌属(*Halomonas*)、盐盒菌属(*Haloarcula*)、海杆菌属(*Marinobacter*)、食烷菌属(*Alcanivorax*)、多孢放线菌属(*Actinopolyspora*)、嗜盐杆菌属(*Halobacterium*)、绿脓假单胞菌(*Pseudomonas aeruginosa*)等;降解多环芳烃的嗜盐菌有海旋菌属(*Thalassospira*)、解环菌属(*Cycloclasticus*)、微球菌属(*Micrococcus*)、恶臭假单胞菌(*Pseudomonas putida*)、产碱杆菌属(*Alcaligenes*)等;降解苯系物的嗜盐菌有动球菌属(*Planococcus*)、分支杆菌属(*Mycobacterium*)、产黄青霉菌(*Penicillium chrysogenum*)等;降解酚类、苯甲酸盐的嗜盐菌有热带假丝酵母(*Candida tropicalis*)、色盐杆菌属(*Chromohalobacter*)等。

盐胁迫是高盐度对石油烃降解菌的一种胁迫效应,通常表现为影响其生长和生物活性。低盐含量有利于石油烃降解菌的生长和代谢,高盐含量抑制非耐盐菌的生理活性,即随着盐度的升高,石油烃降解菌降解溢油的性能逐渐降低,在此过程中,降解菌的数量没有明显变化,其存活性没有受到盐度的影响。但是,由于渗透作用的影响,石油烃降解菌的活性逐渐降低,影响对石油的降解率。

2)盐度对厌氧系统处理效率的影响

以产甲烷菌为例,阴离子的影响较小,但硫酸盐对产甲烷菌的抑制作用不可忽略。高浓度的氯离子对微生物有毒害作用。在厌氧系统中,高盐度会使水的密度增加,导致污泥沉淀性能下降,造成污泥流失;高盐度还会影响出水浊度等。

3)针对盐度变化应采取的措施

降低厌氧系统盐度改变了微生物的生长环境,可提高微生物活性,但存在投资高、运行成本高、设备易老化等问题。可采取的措施包括降低系统的入水盐浓度、利用系统自身降低盐浓度。

4）改变微生物适盐性

石油烃降解菌的生长代谢对环境中的盐度十分敏感，研究盐度对菌群降解率的影响十分必要。以中国北方的渤海和黄海为例，渤海的平均盐度为32g/L，黄海的平均盐度为33～34g/L，均低于世界大洋的平均盐度35g/L。对盐度敏感的菌群不适应高盐环境。盐度过高，石油烃降解菌所处环境渗透压高，使细胞脱水，引起细胞壁与原生质分离；在盐度高的情况下，盐析作用还会使脱氢酶活性降低，使石油烃降解菌失活。生物法在处理被石油污染土壤、淡水方面应用广泛，然而石油烃降解菌应用于大规模溢油现场还有许多问题有待解决，其中一个问题是较土壤和淡水来说，海水盐度较高，对石油烃降解菌的降解作用甚至是生长代谢均会产生抑制作用。船舶在航行过程中，不同区域装载的船舶压载水盐度不同；溢油事故发生在不同海域，海水的盐度与海洋地理位置、海水的密度、深度和压强也存在相关性。大部分石油烃降解菌对生长环境的盐度比较敏感，用生物法处理含油污水时，海水的盐度对于菌群的降解效率影响明显，高盐的存在对常规生物处理有明显的抑制作用。海洋中盐度的巨大波动成为生物法处理溢油应用的障碍，因此，有必要从提高菌群的耐盐性方面展开研究，以期使石油烃降解菌能在高盐胁迫下取得良好的降解效果。

5）菌群耐盐性的提升

通过对降解菌的耐盐机制文献调研发现，某些亲和性溶质可以在菌体内积累，在外界环境盐度升高时，保护降解菌的生理结构，使其在高盐环境下能够正常生长，从而提高降解菌的耐盐性。三甲基甘氨酸（结构式如图2-4所示）对提高菌群抗逆性有效。目前使用三甲基甘氨酸提高耐盐机制的研究大多集中在高盐度废水的脱氮处理中，对于海上溢油的生物处理耐盐机制研究还未见报道。

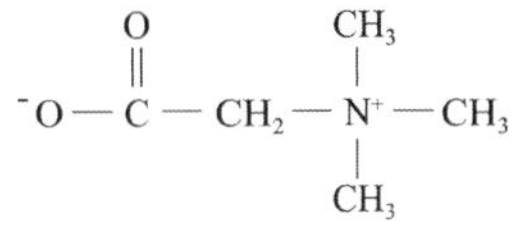

$$^{-}O-\overset{\overset{\displaystyle O}{\|}}{C}-CH_2-\underset{\underset{\displaystyle CH_3}{|}}{\overset{\overset{\displaystyle CH_3}{|}}{N^{+}}}-CH_3$$

图2-4 三甲基甘氨酸的化学结构式

以三甲基甘氨酸作为亲和性渗透压缓释剂，提升石油烃降解菌的耐盐性，结果如图2-5所示。由于现场实施过程中会有多种土著微生物存在，过量的三甲基甘氨酸会引起系统内的异养细菌、兼性厌氧细菌等反硝化细菌的产生，进而抑制降解反应。

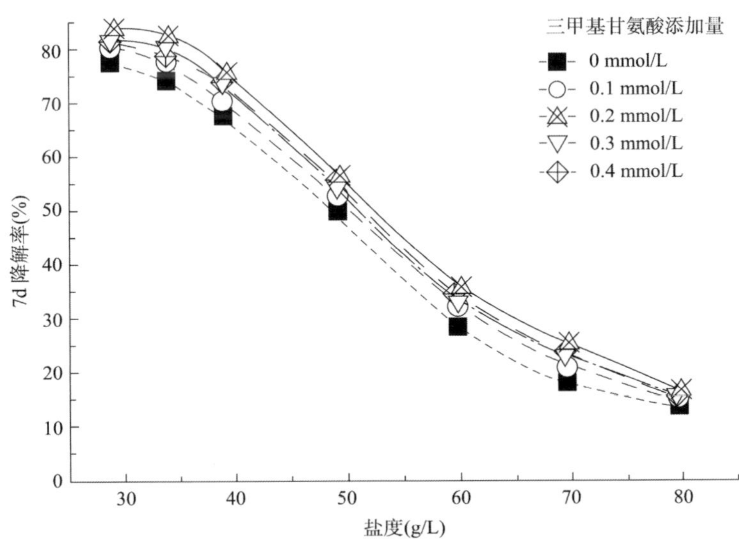

图2-5 三甲基甘氨酸添加量对菌群的耐盐协助结果

在外界盐胁迫下，石油烃降解菌吸收大量的盐离子存储于细胞体内，从而降低细胞质中的盐离子浓度。石油烃降解菌中相容溶质的积累使细胞质内外的渗透压保持平衡。随着环境渗透压力的增大，中度嗜盐菌中无机盐离子的浓度也相应增加，但其作用力还远远不足以达到与外界高渗透压保持平衡。大多数中度嗜盐菌是通过合成三甲基甘氨酸或其他有机物来应对盐胁迫的。因此，从理论上讲，可以通过外源添加三甲基甘氨酸以提高降解菌的耐盐能力。对于石油降解菌来说，氨基酸中的谷氨酸和季铵盐是高盐度条件下细胞中主要的有机渗透物质，在高盐度条件下，这些可溶性物质可以在细胞中大量积累。降解菌可以通过提高细胞的渗透潜能，从而提高其在高盐环境下的耐盐性，并对细胞膜具有稳定效应，防止由于外界环境的变化引起蛋白质的折叠和变性作用。当盐度大于 40g/L 时，OD_{600nm} 显示三甲基甘氨酸的含量明显增加，说明细胞迅速积累了大量的氨基酸衍生物、季铵盐等物质调节细胞内外的渗透压。三甲基甘氨酸是一种良好的相容溶质，具有高可溶性有机分子、无电荷、不与蛋白质结合、不破坏细胞合成等关键生理过程的特点。

6）嗜盐微生物的耐盐机制

高盐环境对微生物生长以及污染物代谢的主要影响表现在：①盐浓度升高会引起细胞内外渗透压失衡，导致细胞脱水，丧失活性，胞内各种生理代谢活动紊乱。②高盐浓度降低了水中的溶解氧含量，限制了加氧酶的作用，因此降低了好氧生物的降解速率。③高盐浓度可能会抑制生物降解过程的中间产物进一步降解，导致中间产物的积累，影响生物降解能力。

为了避免在高盐环境下细胞失水死亡，嗜盐微生物主要通过 3 种调节机制来平衡细胞内外渗透压：①积聚无机盐离子。嗜盐菌细胞质通过吸收外界环境中的 Cl^- 和 K^+ 维持渗透压平衡。嗜盐的古菌海盐菌属和盐球菌属等可以利用细胞膜上特有的“质子泵”（细菌视紫红质）、ATP 合成酶和 Na^+/H^+ 逆向转运蛋白的协同作用浓缩细胞内 K^+ 并从外界摄取 K^+，以平衡环境中的盐浓度。②积累或产生相容性有机溶质。嗜盐菌细胞内合成糖类、甜菜碱、氨基酸以及四氢嘧啶等相容性低分子有机物作为渗透压调节剂，保护微生物蛋白在盐水环境中不易变性，维持细胞结构稳定。③调整蛋白质结构。嗜盐蛋白质组织具有独特的适应能力，高盐环境促使嗜盐蛋白肽链发生折叠，从而形成具有功能的蛋白，保证酶活性正常发挥。

7）嗜盐微生物降解石油烃的分子机理

在高盐环境下，一些嗜盐微生物可利用类似于非嗜盐微生物中的降解酶降解石油烃组分，并且降解途径也相似，目前主要从嗜盐菌对烷烃和芳烃两类组分的降解机制进行研究。烷烃的好氧生物降解通常始于末端或次末端甲基上的氧化。单加氧酶通过向烷烃末端或次末端甲基上加入氧原子将其氧化成醇，并进一步转化成相应的醛和脂肪酸，随后通过 β 氧化降解。可溶性非血红素二氧化铁加氧酶（sMMO）和膜结合颗粒含铜酶（pMMO）可以氧化气态短链烷烃，通常降解菌对中长链烷烃的末端氧化主要由两类酶系统启动：系统膜结合非亚铁血红素烷烃羟化酶（如 AlkB 和 AlkM）和细胞色素（P450）烷烃羟化酶，AlkB 和 P450 烷烃羟化酶可以氧化中长链烷烃（$C_8 \sim C_{16}$），而黄素结合单加氧酶（AlmA）和长链烷烃单加氧酶（LadA）对长链烷烃（$>C_{18}$）的降解则起着关键作用。

8）嗜盐微生物对不同类型石油烃组分的降解特征

石油烃组分结构不同，降解特性也存在差异。一般认为，石油烃组分所含碳原子数越多,降解效率越低。研究表明,微生物对石油烃组分降解从易到难顺序为:直链烷烃 > 支链烷烃 > 低分子质量芳香烃 > 环烷烃 > 多环芳烃。嗜盐微生物与非嗜盐微生物降解石油烃程度基本一致,碳链越长,生物降解程度越低。石油烃污染物在土壤、淡水环境和低盐度的海洋环境下相对容易降解,而在高盐条件下,石油烃的生物可利用性会普遍降低。盐析效应导致的结果是可溶性盐的出现减少了疏水性有机化合物在水中的溶解度,水相中的盐浓度越高,有机化合物吸附到固体基质上的含量越多,导致石油烃的生物降解速率显著降低。

菌株对中长链烷烃(C_{12} ~ C_{18})的降解效率高于短链烷烃(C_9 ~ C_{11})和长链烷烃(C_{19} ~ C_{25}),这是由于短链烷烃对嗜盐菌毒性较大并能溶解其细胞膜,而长链烷烃是固态且溶解度较低。迄今为止,人们对嗜盐微生物降解石油烃污染物的研究已取得突破性进展,应用嗜盐微生物降解石油烃污染物已被证明是解决石油污染的有效技术,但是微生物降解石油烃过程中受到温度、pH、盐度、氧含量、营养物质、石油烃性质、石油烃降解菌种类及数量等诸多因素的限制,导致生物修复效果较差,最终导致石油污染加剧。生物强化技术被认为是在现场修复石油烃污染的可行策略,通过接种高效石油烃降解菌可改变污染环境原有菌群组成,从而提高石油烃的微生物降解效果。

石油烃生物降解的程度也会受到土壤或水体环境中碳、氮、磷三者比例的影响。近年来,人们越来越关注开发具有低成本效益的原位技术用于石油污染场地的生物修复,生物刺激方法可以强化许多受石油污染地区的石油生物降解,通过添加表面活性剂和营养物质,改变石油污染土壤或水体环境的理化性质,也可提高石油烃的生物可利用性,进而提高石油烃降解率。此外,盐渍化土壤、海洋沉积物等环境中氧气含量通常较低,导致石油烃污染物不能快速降解。

高盐环境中存在着大量嗜盐微生物,并且可以在广泛的盐度范围内高效降解石油烃,有些嗜盐菌还可以产生表面活性剂,从而表明嗜盐微生物在治理高盐环境污染领域具有巨大的潜力。尽管国内外学者对这类极端微生物从分子降解机制、降解特性以及实际应用等多方面展开了深入研究,然而,目前有关嗜盐菌分子代谢潜力及在环境污染治理中的应用潜力仍未得知。随着高盐石油环境污染日益加剧,嗜盐微生物仍将是以后研究的重点及热点。

(1)对于嗜盐菌在高盐条件下降解石油烃的研究多集中在好氧条件下,对于厌氧生物降解信息知之甚少。

(2)在高盐环境下,对于嗜盐菌降解不同石油烃组分的基因、降解酶的种类、中间体的降解途径以及菌群间的代谢合作关系仍未完全理解。分子学研究可以帮助开发特异性探针,以识别和监测环境中特定降解菌及其原位活性。

(3)利用微生物技术筛选降解石油烃组分的嗜盐菌基因和质粒,通过原生质体融合技术、体外重组技术和多质粒新菌构建技术等分子生物学手段筛选、构建高效基因工程菌有利于揭示微生物降解石油污染物现象和本质的联系。

2.2.9 生物表面活性剂

在海水中,限制石油烃降解速率的主要因素之一是石油烃的溶解度。通过产生生物表面活性剂和改变细胞膜疏水性,微生物根据环境条件调节石油烃的生物利用度。生物表面活性剂有利于石油溶解于水中,并形成微小油滴。微生物可产生表面活性剂,细菌和真菌主要产生阴离子或中性生物表面活性剂,嗜油菌及其产生的天然表面活性剂见表2-4。能够分泌表面活性剂的著名菌种包括不动杆菌、芽孢杆菌和假单胞菌,其中假单胞菌在全球受石油污染的海洋表层水中占优势,并能够产生大量糖脂生物表面活性剂。与化学分散剂相比,生物表面活性剂具有低毒或无毒、高生物降解性、表面活性和乳化活性,以及在极端温度、pH和盐度条件下的高稳定性。生物表面活性剂对石油烃的生物降解有积极的影响,并已被应用于油藏采油、管道输油、乳化燃料生产等。

嗜油菌及其产生的天然表面活性剂 表2-4

序　　号	生　产　菌	生物表面活性剂
1	铜绿假单胞菌	鼠李糖脂
2	石蜡节杆菌	海藻糖脂
	棒状杆菌	
	红平红球菌	
3	解脂假丝酵母	槐糖脂
	球拟酵母	
4	地衣芽孢杆菌	脂肽
	枯草芽孢杆菌	
	荧光假单胞菌	
5	红平红球菌	葡萄糖、果糖、蔗糖脂
	棒状杆菌	
6	玉蜀黍黑粉菌	纤维二糖脂
7	乙酸钙不动杆菌	脂多糖
	假单胞菌	
8	氧化硫硫杆菌	鸟氨酸、赖氨酸、缩氨酸
	盐屋链霉菌	
	葡萄糖杆菌	
9	氧化硫硫杆菌	磷脂
10	野兔棒状杆菌	脂肪酸
	石蜡节杆菌	

在含油污水的处理过程中,天然生物表面活性剂对石油烃具有增溶和分散作用,且不会产生二次污染,近年成为研究的热点。表面活性剂是两亲分子,能够在油/水界面上聚集,降低界面张力,形成胶束之类的聚集结构,从而增强石油烃的疏水性,增加其生物利用度,提高生物降解率。生物表面活性剂主要由细菌或酵母菌产生,现在主要来自石油化工产品。其与化学合成表面活性剂相比具有可生物降解、毒性低、在极端温度下有效等优势,并且具有更好的环境相容性。然而,从经济角度来看,生物表面活性剂还无法与化学合成产品竞争。天然生物表面活性剂只有在原料和工艺成本最低的情况下才能取代化学合

成表面活性剂。

1)鼠李糖脂

石油烃降解菌分泌的次生代谢产物中,生物表面活性剂最具有代表性,其中鼠李糖脂(Rhamnolipid,简称 Rha)是研究石油降解机制的重要先导化合物,对于阐明其作用机制十分重要。鼠李糖脂是应用于降解石油烃研究最多的生物表面活性剂。F. G. Jarvis 和 M. J. Johnson 于 1947 年第一次发现并分离鼠李糖脂。1994 年,Harvey 等在 *Nature* 发表文章报道将鼠李糖脂添加到 Exxon Valdez 号油轮溢油污染的海水中提高了原油的降解速度,这是迄今为止规模最大、应用最成功的现场生物修复案例。鼠李糖脂是一种属于糖脂类的阴离子表面活性剂,由假单胞菌或伯克氏菌类产生,鼠李糖脂的结构多达几十种,主要活性成分包括 $RhaC_{10}C_{10}$、$RhaC_{10}$、Rha_2C_{10}、$RhaC_{10}C_{12}$、$Rha_2C_{10}C_{10}$ 和 $Rha_2C_{10}C_{12}$ 等,结构式如图 2-6 所示。

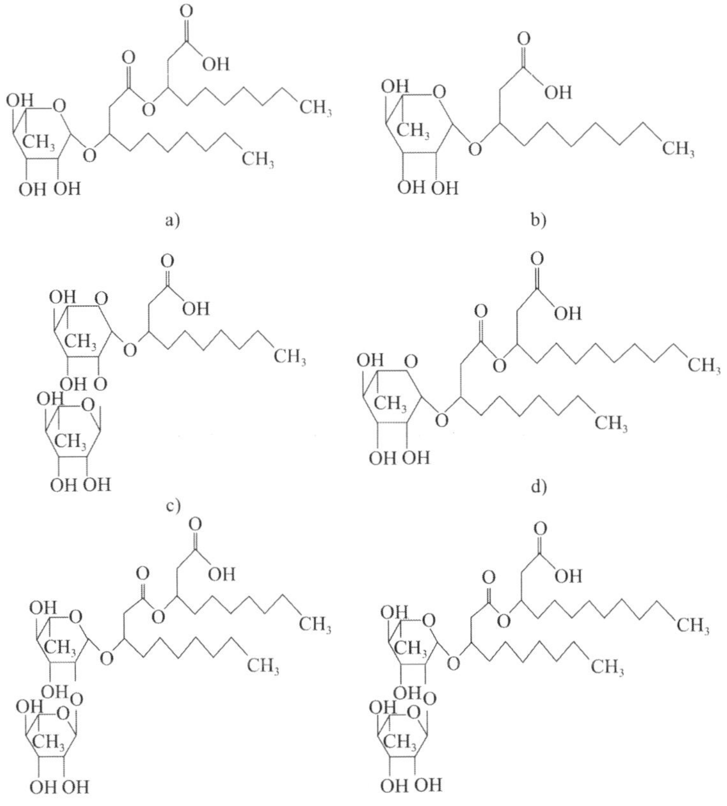

a) b) c) d) e) f)

图 2-6 6 种鼠李糖脂的化学结构

a) $RhaC_{10}C_{10}$;b) $RhaC_{10}$;c) Rha_2C_{10};d) $RhaC_{10}C_{12}$;e) $Rha_2C_{10}C_{10}$;f) $Rha_2C_{10}C_{12}$

鼠李糖脂在石油领域应用广泛,可用于微生物驱油,还可作为螯合剂替代 EDTA 用于修复土壤、水、海岸线及海底中的油、重金属、多环芳烃。Maysam Sodagari 等以不同底物制备鼠李糖脂,大豆油底物主要产生单鼠李糖脂(82%),甘油底物主要产生双鼠李糖脂(64%)。Razia Tahseen 等研究表明添加鼠李糖脂和营养素可以提高降解菌的存活率以及烷烃羟化酶基因的丰度和表达,对土壤中原油污染物的降解率最高可达 77.6%。

生物表面活性剂的活性由溶液中形成的临界胶束浓度(CMC)来衡量,CMC 越低,说明鼠李糖脂的表面活性越高。对鼠李糖脂的 CMC 分析测试如图 2-7 所示，在含正十六烷溶液的无机盐培养基中溶解鼠李糖脂，测得鼠李糖脂的 CMC 低至 75mmol/L。当鼠李糖脂浓度高于 CMC 时，鼠李糖脂浓度与正十六烷的溶解度 k 呈线性关系，弱极性有机物的溶解度显著提高。出现这种现象主要是由于降解菌的细胞生物膜由大量磷脂分子组成，磷脂和表面活性剂具有相似的结构和性质，因此细胞生物膜对表面活性剂表现出很强的吸附能力。上述现象导致水相中表面活性剂浓度的降低，从而影响污染物的解吸附速率，改变细胞膜的通透性，加速疏水有机物的跨膜运输速率，可提高溢油的降解速率。

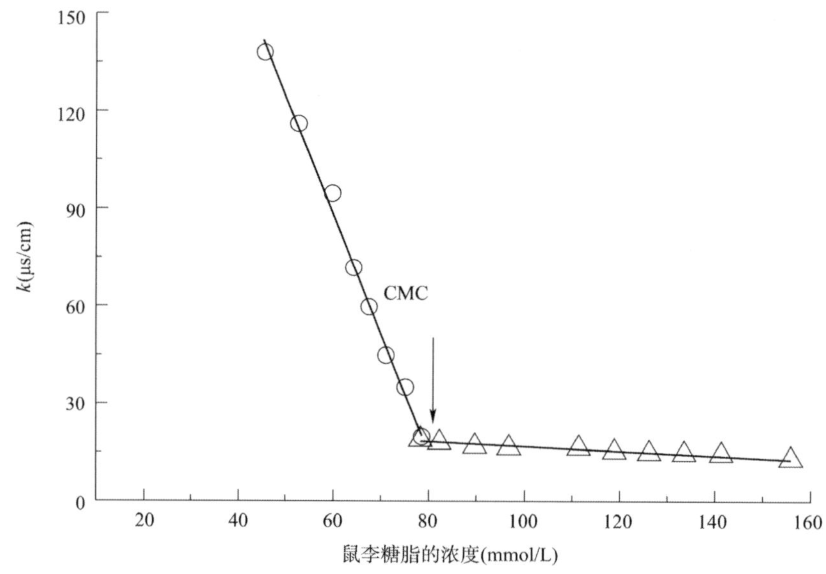

图 2-7　Rha 的临界胶束浓度

2）槐糖脂

槐糖脂（sophorolipid）是由假丝酵母以糖和植物油等为碳源，经一定条件的发酵工艺产生的微生物次级代谢物。槐糖脂主要有内酯型和酸型，结构式如图 2-8 所示。

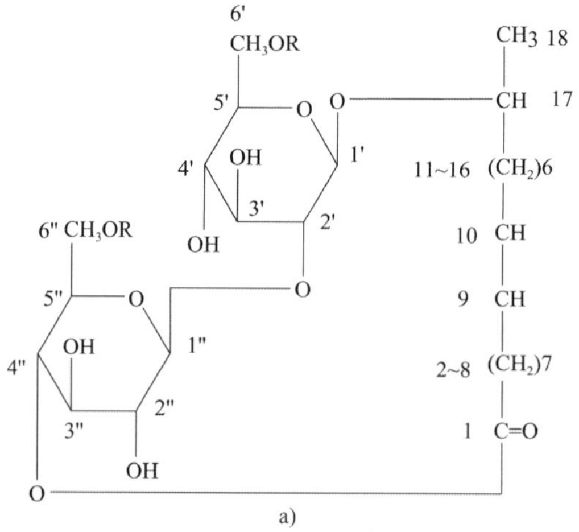

a)

图　2-8

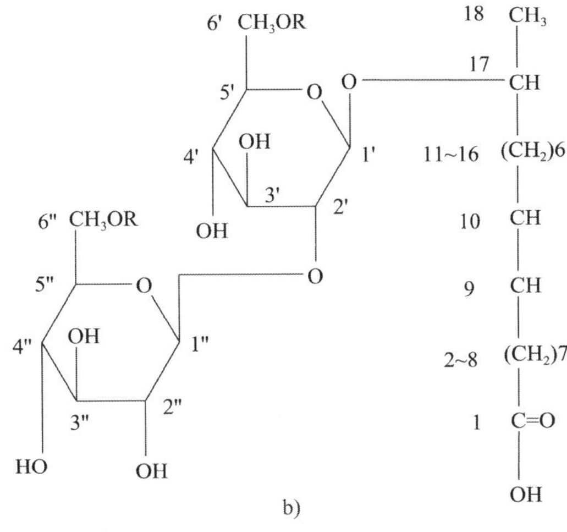

图 2-8 槐糖脂的结构式
a)内酯型；b)酸型

槐糖脂的理化指标见表 2-5。

槐糖脂的理化指标 表 2-5

项　　目	理 化 指 标	备　　注
外观	浅黄色至棕色液体	
溶解性	易溶	水和乙醇
pH	6 ~ 8	
含量/%	50 ± 5	一般工业品
表面张力/(mN/m)	≤35	10^{-3}水溶液
CMC/(mg/L)	40 ~ 100	
黏度/(mPa · s)	500 ~ 4000	碱性条件下减小
密度/(g/cm)	0.95 ~ 1.20	
亲水亲油平衡值(HLB)	9 ~ 12	理论值
耐温性/℃	- 10 ~ 120	
澄清状态	透明	一般条件下
	混浊	酸性或低温情况

槐糖脂作为生物表面活性剂的一种，除具备化学表面活性剂的一般特性之外，更具备其所没有的诸多特性。槐糖脂用于石油领域主要体现在：

(1)高表面(界面)活性、低用量。槐糖脂具有优良的表面性能，可直接用于石油开采。槐糖脂的 CMC 也极大低于化学表面活性剂，即在达到最佳性能时其用量远低于化学表面活性剂。

(2)降低黏度。槐糖脂可直接促进油井采液量增加，含水降低。另外，降黏的原油在地面处理及集输工段也极大降低了处理成本。

(3)促进地层微生物增殖。本源微生物的代谢产物是可以促进原油开采的，这本身就是一个石油开采的技术手段。

槐糖脂可以用来修复人类所造成的环境污染,包括水、土壤等污染。土壤污染最主要的类型当为有机污染。在土壤有机污染的修复技术中,化学淋洗修复法由于具有流程简单、快速、低耗等特点被广泛应用。常用洗脱剂主要包括有机溶剂、植物油、环糊精和表面活性剂等。

2.2.10 石油烃降解菌的特性分析

建立菌群是保证同步降解溢油中复杂组分的基础。快捷、准确地测定大量石油烃降解菌的降解率,是选取高效石油烃降解菌构建降解菌群的基础。常用的方法有紫外分光光度(UV-Vis)法、气相色谱(GC)法和气相色谱质谱联用(GC/MS)法。这3种方法各有优缺点,UV-Vis法适用于定量分析总烃的浓度,测量速度快,但无法定性分析具体组分;GC法适用于定性定量分析石油烃的具体组分,精度高,但不能进行碎片分析;GC/MS法适用于定性定量分析石油烃的具体组分,可以根据分子碎片和数据库推断生成的中间产物,但精度低于GC法。

UV-Vis法以原油为检测的目标物,测定样品中的总石油烃,方法如下。

(1)吸收波长的确定。将碳源培养基用石油醚萃取后稀释到适宜浓度,对其进行全波长扫描,确定吸收波长,得到如图2-9所示的光谱图。波长200~254nm的波峰为石油醚的溶剂峰。在波长264nm时,有较为明显且平缓的吸收峰,则该波长为总石油烃的最佳吸收波长,选取264nm作为测试波长。

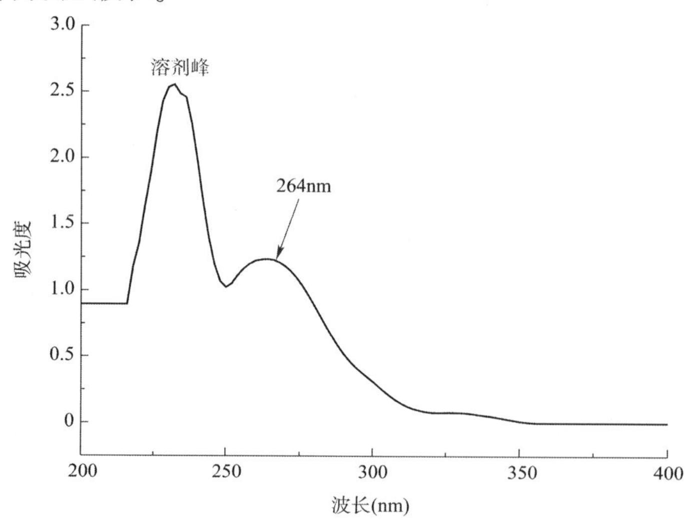

图2-9 溶解原油的石油醚溶液紫外光谱图

(2)原油的标准曲线绘制。以原油为标准样品,石油醚作为溶剂,分别配制浓度为0、20、40、60、80、100mg/L的系列溶液,在确定的吸附波长下读取吸光值,以原油浓度和吸光度为横、纵坐标拟合标准曲线。

(3)样品预处理。以石油醚做萃取液,先将样品用无菌纱布进行粗滤,取所得滤液10mL放入试管中,加入5mL萃取液,加塞后进行超声波振荡10min,然后移到分液漏斗,静置30min,待液体分层良好后,收集下层溶液并重复以上操作,合并两次操作的上层溶液,用石油醚定容、稀释,保存待测。

(4)降解率的测定。将含降解菌的样品置于温度37℃、转速180r/min的摇床培养7d,定期取样,并以空白培养基作为对照。将处于对数期待测降解菌的液体培养基样品离心处理,收集离心管底部菌体,用相应的培养液进行洗涤,然后将样品放置于仪器的比色皿中,设置吸光值为600nm波长,把样品的浓度稀释至$OD600_{nm}=1.0$。使用紫外分光光度计,测量其在最佳吸收波长处的吸光度,根据所绘制的标准曲线,计算样品中残余油的浓度,计算公式见式2-3。

$$降解率=\left(1-\frac{C_2}{C_1}\right)\times 100\% \quad (2\text{-}1)$$

式中:C_1——空白对照中的石油烃浓度;

C_2——样品中石油烃浓度。

(5)GC/FID和GC/MS法测试降解率。将菌群与培养液按1:10的体积比混合后制成菌悬液,原油、灭菌海水按1:100的体积比混合并超声处理配制成乳化油,使用石油醚萃取。GC/FID或GC/MS法对固定化、直接投放(游离态)石油降解菌群的降解率通过式2-4计算。

$$R_d=\frac{X_c-X_s}{X_c}\times 100\% \quad (2\text{-}2)$$

式中:R_d——原油的降解率,%;

X_c——原油的初始峰面积;

X_s——生物降解后原油的峰面积。

2.3 靶向微生物在炼油化工废水中的应用

石油化工行业是能源的主要供应者,而我国能源的特点是以煤为主,石油和天然气严重缺失,导致我国石油化工的发展需要从国外进口大量的原油。原油加工过程中,油品不一样,耗水量和排污量也不一样,一般加工1t原油废水排放量在0.1~5t。油品不同,加工的工艺也不同,产生的废水水质情况也不同,导致废水处理系统运行上会出现不稳定的现象。目前,我国大多数炼油厂采用隔油、气浮、生化(活性污泥法)为主的“老三套”处理工艺,或者在此基础上改进工艺,随着国家对环保要求的提高,一些炼化企业把传统的活性污泥法升级到A/O(Anoxic Oxic,厌氧好氧工艺法)、A2O(Anaeroxic-Anoxic-Oxic,厌氧-缺氧-好氧法)、A/O/MBBR、A/O/BAF工艺等,出水的水质能够进一步提高。

活性污泥法处理炼油化工废水,不仅效果良好,而且处理成本更低。但活性污泥法容易受到水质异常以及水量变化的冲击,导致活性污泥中的微生物受到不同程度的损害,影响出水的水质。2019年,西南某石油炼化企业因上游生产装置异常,导致水质异常,废水处理系统处理能力下降,深度处理工艺负荷增大。车间通过投加靶向微生物的技术来快速恢复生化系统,同时提高处理能力。根据水质情况分析可知,废水发生变化后,废水处理系统的处理能力不足,导致出水水质得不到保障,在此情况下,可以采取以下措施:

(1)与上游沟通生产装置恢复情况,评估废水异常情况的持续时间,确定是否切除事故废水。

(2)在不能够切除事故废水时,先调整脱氮、除碳的工艺参数,观察二沉池出水的水质是否会继续恶化。

(3)在二沉池出水恶化时,采用投加靶向微生物的技术,优先恢复生化系统的除碳和硝化系统。使用的靶向微生物包括专性降解氨氮的硝化细菌、用于降解难降解有机物的异养菌。

2.3.1 靶向微生物处理污水中的氨氮

靶向微生物硝化细菌主要包括两类菌属:亚硝化单胞菌属和硝化杆菌属,氨氮被氧化成硝酸盐的反应是由亚硝化菌和硝化菌共同完成的,两种菌的基本特征见表 2-6。生物法脱氨氮时,先由亚硝化单胞菌将氨氮(NH_4^+ 和 NH_3)转化为亚硝酸盐(NO_2^-),再由硝化杆菌将亚硝酸盐氧化成硝酸盐(NO_3^-)。

亚硝化菌和硝化菌的基本特征 表 2-6

项 目	亚硝化菌的特征	硝化菌的特征
细胞形状	椭球或棒状	椭球或棒状
细胞尺寸/μm^2	1×1.5	0.5×1.0
革兰氏染色	阴性	阴性
世代期/h	8~36	12~59
自养性	专性	兼性
需氧性	严格好氧	严格好氧
最大比增长速率/($\mu m/h$)	0.04~0.08	0.02~0.06
产率系数 Y/(mg 细胞/mg 基质)	0.04~0.13	0.02~0.07
饱和常数 K/(mg/L)	0.6~3.6	0.3~1.7

生物法脱氮的硝化反应式如下:

$$NH_4^+ + 3/2O_2 \xrightarrow{\text{亚硝化菌}} NO_2^- + H_2O + 2H^+ - \triangle F \quad (\triangle F = 278.42kJ)$$

$$NO_2^- + 1/2O_2 \xrightarrow{\text{硝化菌}} NO_3^- - \triangle F \quad (\triangle F = 72.27kJ)$$

$$NH_3 + 2O_2 \longrightarrow NO_3^- + H_2O + 2H^+ - \triangle F \quad (\triangle F = 351kJ)$$

氨化反应如图 2-10 所示。含氮有机物经微生物降解释放出氨的过程,称为氨化作用。这里的含氮有机物一般指动物、植物和微生物残体以及它们的排泄物、代谢物所含的有机氮化物。主要包含蛋白质、核酸,还有尿素、尿酸、几丁质、卵磷脂等含氮有机物,它们都能被相应的微生物分解,释放出氨。氨化作用无论在好氧还是在厌氧条件下,均能在中性、碱性或酸性环境中进行,只是作用的微生物种类不同、作用的强弱不一。污水中能分解蛋白质的微生物种类很多,特别是假单胞菌属、牙孢菌属中某些种均能产生蛋白酶。真菌中的曲霉、毛霉和木霉也能产生蛋白酶分解蛋白质。氨基酸被吸收进入微生物细胞后,有的转化为另一种氨基酸,用于合成菌体蛋白质或某些含氮化合物。而另一部分氨基酸的降解主要通过脱氨基和脱羧基两种方式。根据氨化反应的动力学,pH 值对氨化作用也有一定的影响;当生物絮体表面溶解氧浓度较高时,优势微生物为氨化菌及硝化菌,而絮体内部,由于氧传递阻力增大和外部好氧菌的消耗,形成缺氧状态,从而反硝化菌占优,说明溶解氧对于氨化作用也有一定的影响。

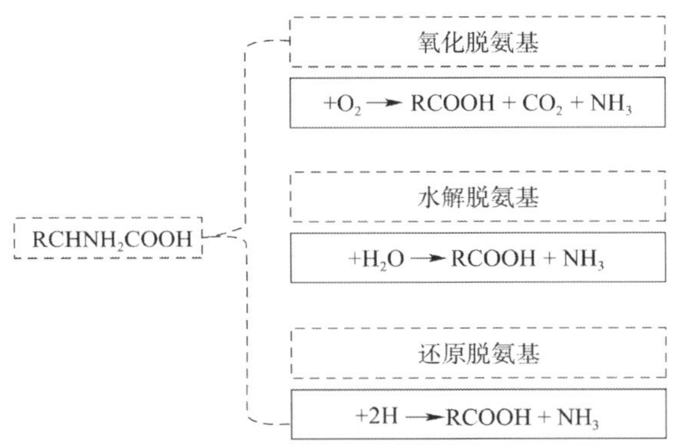

图 2-10　氨化反应方程式

硝化菌是亚硝酸菌和硝酸菌的统称。反硝化反应是指 NO_3-N 和 NO_2-N 在反硝化菌的作用下,还原成气态 N_2的过程,反应方程式如图 2-11 所示。

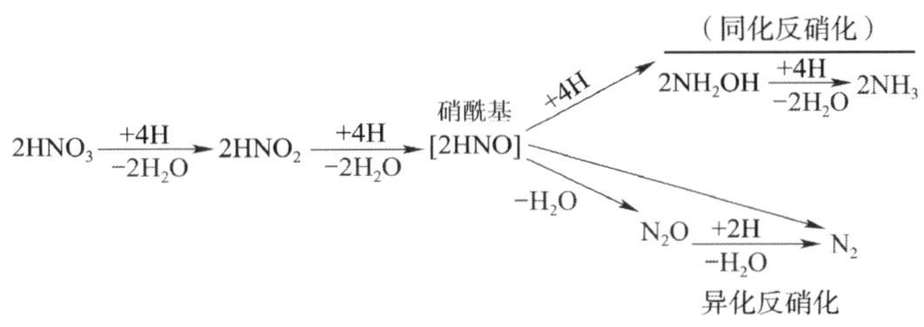

图 2-11　反硝化反应方程式

反硝化菌属于异养型兼性厌氧菌,以 NO_3—N 为电子受体,以有机碳为电子供体,不能释放更多的 ATP,合成的细胞物质较少。反硝化反应需要提供足够的碳源,碳源物质不同,反硝化速率也将有区别。挥发性有机酸、甲醇、乙醇等是理想的反硝化反应碳源物质,因此,啤酒污水等含挥发性有机物质的污水可作为反硝化反应脱氮的碳源,而以城市污水或内源代谢物质作为反硝化反应碳源时的反硝化速率就要低得多。硝化反应的最佳 pH 值范围是 6.5 ~ 7.5,不适宜的 pH 值会影响反硝化菌的生长速率和反硝化酶的活性。当 pH 值低于 6.0 或高于 8.5 时,反硝化反应将受到强烈抑制。反硝化反应会产生部分碱度,这有助于将 pH 值保持在所需要的范围内,并补充硝化过程中所消耗的一部分碱度。此外,pH 值还影响反硝化的最终产物,pH >7.3 时最终产物是氮气,pH <7.3 时最终产物是 N_2O。理论上将 1g 硝酸盐氮转化为 N_2需要 2.86g 碳源物质 BOD_5。因此,一般认为,当污水中 BOD_5/T-N >3 ~5 时,即可认为碳源充足,无须外加碳源,否则,应当投加甲醇或其他易降解有机物作为碳源。

投加靶向微生物后,生化进水氨氮值高于设计值,但二沉池出水氨能够达到设计值,说明投加的靶向微生物能够提高生化系统的处理能力。从机理上可知,虽然投加的硝化细菌数量有限,但经过 3 ~5d 的快速繁殖,活性污泥中的硝化细菌数不断增加,处理的污染物氨氮也更多,即针对特殊的污染物投加靶向微生物,能够实现快速恢复系统,提高现有系统处理能力的功效。

2.3.2 处理 COD 的效果

靶向微生物 COD 降解菌包括芽孢杆菌属和铜绿假单胞菌属，这些菌属是从大自然中筛选出的，具有降解特殊污染物的菌株，COD 降解菌主要降解酚类物质、苯系物等，这些污染物的可生化性较差。在气浮出水 COD 变化不大的情况下，没有投加靶向微生物时，生化池的 COD 去除效率不高，仅为 58.9%。结合二沉池出水氨氮、总磷及生物相等综合考虑，二沉池出水 COD 偏高的原因在于其可生化性太差，活性污泥中的土著微生物并不能够很好地分解这些难降解的物质。投加 COD 降解菌后，经过 10d 左右的驯化，二沉池出水 COD 有下降的趋势。通过对靶向微生物的了解，该类细菌与土著微生物相比，除了与土著微生物有相同的遗传因子 DNA，它还有另一类遗传因子——质粒，如大多数细菌无法快速降解苯胺，但含有降苯胺能力的质粒的细菌可以快速地降解苯胺。靶向微生物能够通过质粒转移，使得一部分土著微生物也能够获取降解特殊污染物的能力，最终进一步降低 COD。

2.3.3 活性污泥菌群的变化

活性污泥法中去除污染物最重要的部分为细菌。在活性污泥中投加靶向微生物，实际是在活性污泥中接种外源细菌，冲击的快速恢复是靶向微生物发挥的作用，在对投加靶向微生物(硝化细菌)10d 后的活性污泥进行高通量测序后发现，硝化杆菌属和亚硝化单胞菌属所占比例均大幅度提高。亚硝化单胞菌是把氨氮氧化成亚硝酸盐，与氨氮在 5d 内快速恢复相对应，可知靶向微生物在活性污泥中发挥重要的作用，提高了硝化杆菌属和亚硝化单胞菌属的含量。靶向微生物 COD 降解菌含有芽孢杆菌属和铜绿假单胞菌属，因芽孢杆菌属分类太广，从高通量测序中无法直接比对，但铜绿假单胞菌属的占比在投加靶向微生物后也有提高，从 25.79% 提高至 31.79%，提高了 6% 的占比，与 COD 逐渐下降相吻合。活性污泥法中包含的菌属种类很多，在高通量测序时，并不能把所有的菌属分析出来，尤其是占比很少的菌属。在投加靶向微生物细菌后，因其竞争力更强，会占据一定的生存空间，导致一部分竞争力弱的菌属逐渐被靶向微生物替代。靶向微生物影响了整个活性污泥的菌属结构，并提高了活性污泥的处理效果。

2.3.4 微生物固定化技术在环境污染治理中的应用

微生物固定化技术在水、土、气等环境污染治理领域应用广泛，不但提高了功能微生物在环境中的定殖存活能力，也极大地强化了生物处理效果，是目前重要的生物处理手段之一。如图 2-12 所示，在微生物筛选上，大量适合在特定环境下满足污染物去除要求的微生物资源，通过富集驯化和定向筛选的方法被分离鉴定出来。用于固定化的微生物使用筛选的方式得到，如通过吸附态污染物筛选的菌株有利于在土壤中提高土壤吸附态污染物的生物有效性，从而有利于完成土壤中污染物的去除；在水、土、气各领域污染处理中，生物膜都起到了保护微生物、传递污染物等关键作用，因此应尽量筛选成膜能力较强的功能菌株进行固定化应用。在载体选用上，应从载体材质、性状或尺寸等诸多因素考虑，并且在不同介质条件下应用，不同的载体有各自的特点和作用。在水、空气污染处理中应用的载体应具备较好的机械强度，以应对流体剪切力和气液负荷比较大的情况；在土壤环境中，则要着重考虑污染物在土壤中的生物有效性，也就是载体要能够提高土壤中吸附态污染物的去除效果。随着材料技术的不断进步，很多新型固定化材料被开发出来，多种材料复合搭配不同固定化方法以提高固定化微生物的各项性能，如吸附性能、机械强度、传质性能、生物相容性等成为研究主流。

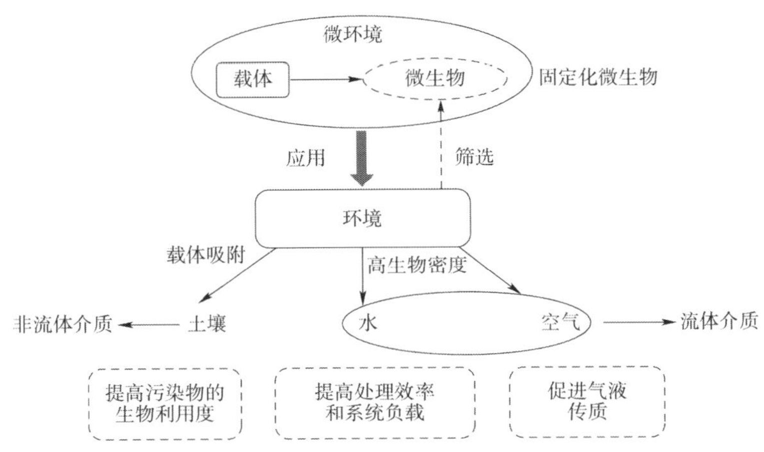

图 2-12　微生物固定化技术在不同环境介质中的应用特点

微生物固定化技术目前还存在诸多问题，可以从以下几方面进行进一步研究。

(1)在生物资源方面，很多重要的微生物资源还没有得到纯培养物，如厌氧氨氧化细菌；在活性污泥等原始菌群固定化研究基础上，还需进一步关注该如何人为复配高效菌群并进行固定化，从而实现对环境污染的长效处理。

(2)在固定化载体方面，开发适合不同微生物需求、具有更好的传质和传氧性能的载体或固定化方法，从而进一步提高固定化微生物的负载量和生物处理效果；可生物降解的高分子聚合材料在固定化微生物的应用中表现出了很好的应用潜力，可以进一步开发用于多种污染介质中的可生物降解的载体，也可以考虑把可生物降解载体与其他材质的载体进行复配，从而实现作用互补的效果。

(3)在土壤的生物修复中，应从生物和固定化角度进一步研究提高土壤中污染物的生物有效性的机制；研究不同性质和不同老化时间的污染物的生物有效性，通过固定化载体提升生物修复效果，从而为完善和开发新的高效土壤修复方法奠定基础。

3
固定化微生物技术

3.1 固定化微生物载体材料

近年来,石油烃降解菌的筛选、复配等应用基础研究均取得了长足进展,游离态降解菌在实验室中降解溢油效果较好。目前投放到海上的环境修复产品中,游离态降解菌比重一般较大,容易沉于水底,而且难以抵御外界恶劣环境影响,从而导致投放的降解菌大量死亡,影响降解效果。固定化降解菌则具有细胞密度高、不受外来微生物污染、抵御外界恶劣环境的能力强等优点。微生物固定化技术能显著增强次级产物酶活,提升污染物去除能力,是提高生物修复溢油污染的重要手段。固定化技术的主要原理是:具有缓冲作用的载体为生物提供有利环境,使目标菌株与土著微生物竞争时处于优势。载体具有吸附能力,可有效提高微环境中的生物有效浓度。微生物胞外酶可被富集固定于载体,提高与污染物的接触率。作为土著微生物的驯化场所,固定材料可富集较高浓度的微生物,实现内外源微生物的联合作用,从而达到降解目的。载体的选择是生物修复成功的关键。球形聚合物固定化载体提高生物处理效率特别显著,广泛应用于生产代谢产物和废水生物处理等方面。固定化微生物方法主要分为吸附法、包埋法、交联法、自固定化法、介质截留法、复合固定化法,这 6 类方法的特点见表 3-1。

固定化微生物方法及特点 表 3-1

序号	方法	特点
1	吸附法	操作简单;载体便宜易得;对微生物无毒,对细胞活性影响较小;载体可再生回用
2	包埋法	固定化效果好,载体类型多;对细胞活性影响较小,对微生物无毒害;易于固液分离,可工业化操作
3	交联法	细胞与载体间的结合力较强
4	自固定化法	细胞间交联紧密;可保留大部分细胞活性;可选择的助凝剂较多
5	介质截留法	可工业化操作,可获得较高的固定化强度和生物活性
6	复合固定化法	易于固液分离,生物活性高,可工业化操作,适于难降解有毒物质的处理

固定化载体主要分为无机材料、天然有机高分子材料、合成高分子材料和复合材料 4 类,其性能特点见表 3-2。

固定化微生物载体材料的分类及性能特点　　表 3-2

载体材料	机械强度	传质性能	细胞结合力	操作难易程度	重复利用
无机材料	高	好	弱	较难	较好
天然有机高分子材料	较低	较好	较弱	易	较差
合成高分子材料	较低	较差	强	较易	较好
复合材料	高	好	较强	较易	较好

3.1.1 无机材料

无机载体材料具有机械强度高，化学、热和生物稳定性良好的优点，且环境友好、原料来源广泛、成本低、传质性能好、对细胞无毒害，可以吸附环境中的氮磷等营养物质供降解菌生长，从而被广泛应用。合成加工的无机材料主要有活性炭、多孔陶瓷、生物质炭、多孔玻璃、泡沫金属、硅凝胶等。一些多孔性的载体常被用作吸附固定化的载体，特别是一些矿物类载体兼有天然环保等特点，比较适合直接用于环境修复中，而不会带来二次污染问题。

在固定化石油烃降解菌清除溢油污染领域的研究，石墨烯、蒙脱石、生物炭、竹炭等应用较多。无机载体材料类固定技术主要通过吸附法实现，存在的主要问题在于载体与降解菌之间的结合力不强，降解菌易脱落，而且绝大部分无机材料自身不能完全降解，较适用于处理工业含油污水或异位修复，对于海上溢油的现场应用有很大的局限性。

3.1.2 天然有机高分子材料

天然有机载体材料包括天然多糖类材料。壳聚糖上存在氨基及羟基，方便对其进行改性，这一特性使研究者可以根据不同的需求制作特种的壳聚糖衍生物作为固定化材料。海藻酸钠原料来源广泛，富含羧基和羟基，具有较强的亲水性，所以应用最为广泛。

3.1.3 合成高分子材料

天然有机或无机载体具有环保、无污染、无须回收利用等优点。然而，由于其结构和性能的限制，存在机械强度低、使用寿命短、与石油烃降解菌的结合强度较弱等不足之处。对于合成高分子载体，可调控其生物相容性、传质速率、孔径大小、机械强度、降解周期等性能，使之更适合石油烃降解菌的生长繁殖。常见的合成高分子载体有聚乙烯醇（PVA）、聚乙二醇（PEG）、聚氨酯（PU）、聚丙烯酰胺（PAM）等。其中聚乙烯醇在废水处理领域的研究最为广泛。聚乙烯醇具有成本低、耐久性好、化学稳定性高、对活细胞无毒、可生物降解、机械强度高、凝胶寿命长等优点。聚乙烯醇凝胶有孔隙，凝胶内部可保存大量的水，并允许石油烃降解菌在凝胶珠内有效地降解碳源，转变为小分子无机物、CO_2 和 H_2O。聚乙烯醇凝胶微孔结构使载体内部形成微型厌氧反应器，它允许石油烃降解菌在聚合物基体中生存，保护厌氧菌在周围环境中不受氧等抑制因子的影响，基质仍能扩散到降解菌中，防止厌氧物质被废水冲刷。

3.1.4 复合材料

在微生物固定化技术中，载体材料为微生物提供了稳定的生存和增殖环境，同时，载体的传质传氧特性也与微生物的生长息息相关。除了传统载体,现在还开发出具有更多特殊功能的载体,如可生物降解多聚物载体、缓释碳源载体和磁性载体等,这些新型载体的出现为固定化技术提供了更多的可能。

微生物固定化技术中,单一无机、有机材料往往存在较大的局限性,不能满足实际处理过程中复杂的环境条件需求,因此,研究者对多种有机或无机载体进行组成上的调控,使各种载体材料能够优势互补。复合载体往往在复合固定法中使用。复合固定法是联合使用多种固定化方法对微生物进行固定,在获得较高的固定化强度的同时保留更高的微生物活性,提高固定化微生物的整体性能。其中,使用 SA/PVA 复配就是典型的复合载体使用案例,复合载体提高了机械强度、成球性和重复利用性,相比于海藻酸钠固定化颗粒有了明显改善,具备了进一步应用于反应器中进行大规模废水处理的能力。SA/PVA 复合材料生物亲和性好,能够改善微珠的表面性能,降低分子团聚倾向,固定化石油烃降解菌水稳定性高、毒性低、生物活性好,研究成果较多。复合固定法往往以聚乙烯醇或者海藻酸钠作为基础载体,再添加具有一定功能的添加物;此外,也有添加凝聚剂使微生物聚集后再进行包埋,利用微生物分泌的胞外聚合物来加强微生物与载体的固定效果。

3.1.5 无载体固定法

无载体固定法利用微生物自身聚集成团的特性,在无载体的条件下即可聚集成团,达到自固定化的目的,絮团形成了适宜微生物生存的微环境,对微生物的代谢活动更加有利。但是,无载体固定法所使用的微生物多具有可自絮凝成颗粒或能够成膜的特性,具有一定局限性,并不能适用于大部分微生物,为此,一些研究者将目的功能微生物与具有这些特性的微生物混合,利用具有絮凝或成膜特性的微生物包裹目的微生物,形成多种微生物的共生体系并能够完成相应的功能。菌藻固定化技术即为这种方法的代表,此法使固定化后微生物的密度显著提高,藻类还能提升废水处理系统脱氮除磷的能力。在此体系中,微生物可以产生赤霉素、吲哚-3-乙酸等植物激素,促进藻类的生长,藻类充当微生物的载体,也促进了微生物的生长。

3.2 具有吸油性能的固定化载体

与多数功能材料相似,吸油材料的发展也经历了一个由简单到复杂,性能逐渐增强并不断精细化的过程。最初,人们从天然无机材料出发,如黏土、沸石、膨润土、硅藻土、石墨等,利用一些天然材料多孔、高比表面积的优势,考察其对油类物质的吸附,但往往存在吸附量小、无法重复利用等问题。新型吸油材料,如可用于油水分离的不锈钢网、薄膜、海绵等,其吸油性能明显提高,但制备工艺较复杂,成本高。传统天然有机材料,如小麦秸秆、羊毛、棉花等,其优点是原料易得、成本低、操作安全;缺点是吸油量小、重复利用率差。

3.2.1 吸油材料的吸油机理

研究吸油材料的作用机理有助于开发新型吸油材料,提高吸油材料的性能。但是到目前为止,对吸油机理的研究还处于起步阶段,大多数研究只是针对某种特定吸油材料做定性分析。目前被人们普遍接受的吸油材料可以分为 3 类:包藏型、凝胶型和复合型。包藏型吸油材料一般具有疏松的多孔结构,利用毛细管作用吸收油品,而且将吸收的油保存在空隙中。凝胶型吸油材料又称吸油树脂,以亲油性单体作为基本单体的低交联亲油高聚物。材料内部具有一定的微孔,高分子之间形成三维交联网状结构,将凝胶型吸油材料置于油水界面中,高聚物中亲油基与油分子相互亲和作用从而吸附油污。复合型吸油材料的吸油机理结合了以上两种机理。复合型吸油材料主要利用自身链段的亲油基团通过范德华力吸油,也可通过自身多孔结构吸油,物质内部发生溶胀,在具备结构的同时,分子又能形成凝胶。

3.2.2 气凝胶

1931 年,Kistler 制造出世界上第一块气凝胶,近几年气凝胶得到了飞跃式的发展。气凝胶本质上是三维纳米多孔材料(图 3-1),具有超高孔隙率。纳米多孔结构使气凝胶具有许多固态物质所不具有的物理性能,如低热导率、低介电常数、低声阻抗等。这些优异的物理性能使气凝胶在航空航天、吸附催化、储能等领域均具有广阔的应用前景。添加交联剂,可制备得到氧化石墨烯泡沫气凝胶,能够增强气凝胶的力学性能,还能够提高机械稳定性和吸油量。纤维气凝胶具有分层细胞结构、超弹性、超疏水和高空隙曲度,可有效分离表面活性剂稳定的油包水乳液。将纤维气凝胶浸入油中,仍显示超疏水性,其原理在于气凝胶孔中截留的空气被不混溶的油平等地替代。

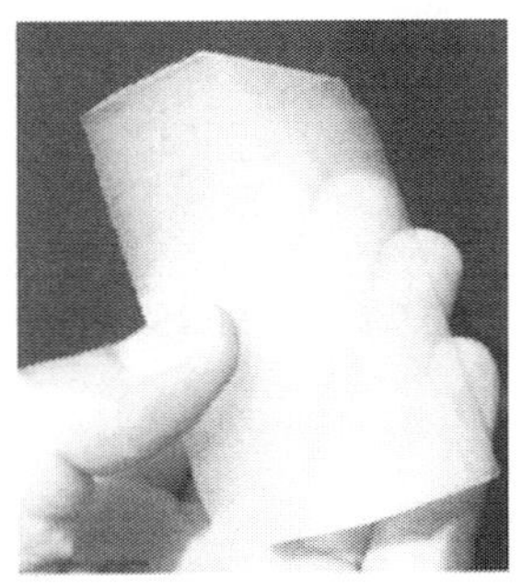
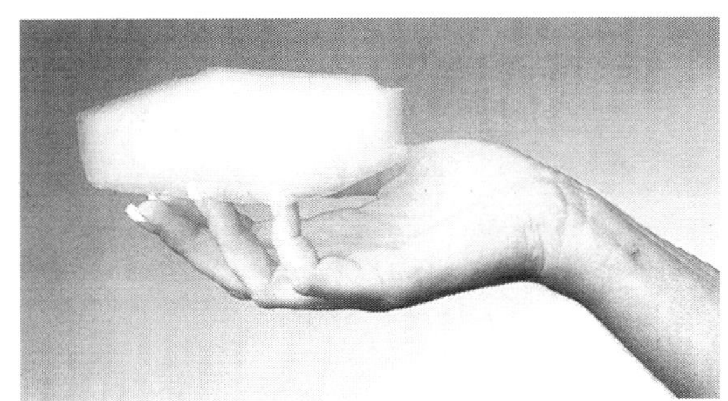

图 3-1 一种超轻气凝胶

经典的 SiO_2 气凝胶由 96% 的空气和 4% 的 SiO_2 制造而成,密度只有空气的 3 倍,可与云雾相比拟。SiO_2 气凝胶表面的极性基团硅羟基丰富,同时反应交联形成结合力较强的硅氧键,使得分子键活动空间狭小,导致气凝胶的强度和韧性低。为了改善 SiO_2 气凝胶的性能特征,目前的工作主要集中在疏水化改性和掺杂型改性两方面。如图 3-2 所示,掺杂多巴胺和 L-精氨酸可制备得到超轻氮掺杂石墨烯气凝胶,由于氮掺杂、低密度和大的比表面积,超轻氮掺杂石墨烯气凝胶对多种油品都有优良的吸附性能。

3.2.3 三聚氰胺泡沫

三聚氰胺泡沫骨架上用氧化石墨烯进行表面改性,制备超亲油石墨烯改性泡沫。石墨烯改性泡沫不仅继承了三聚氰胺泡沫的性能(包括高孔隙率、机械稳定性和热稳定性),还具有石墨烯的化学稳定性和疏水性。更重要的是,在三聚氰胺泡沫和石墨烯片的协同作用下,制备的泡沫具有高性能,如粗糙和超疏水表面、高吸附能力(达到自身质量的 140 倍)、良好的可回收性(超过50个循环)以及对各种油和有机溶剂的优异油/水分离效率(高达99.98%)。因此,这种成本低又具有优异吸附能力和高分离效率的石墨烯改性泡沫成为污水处理、油/有机溶剂回收和油/水分离的有希望的解决方案。

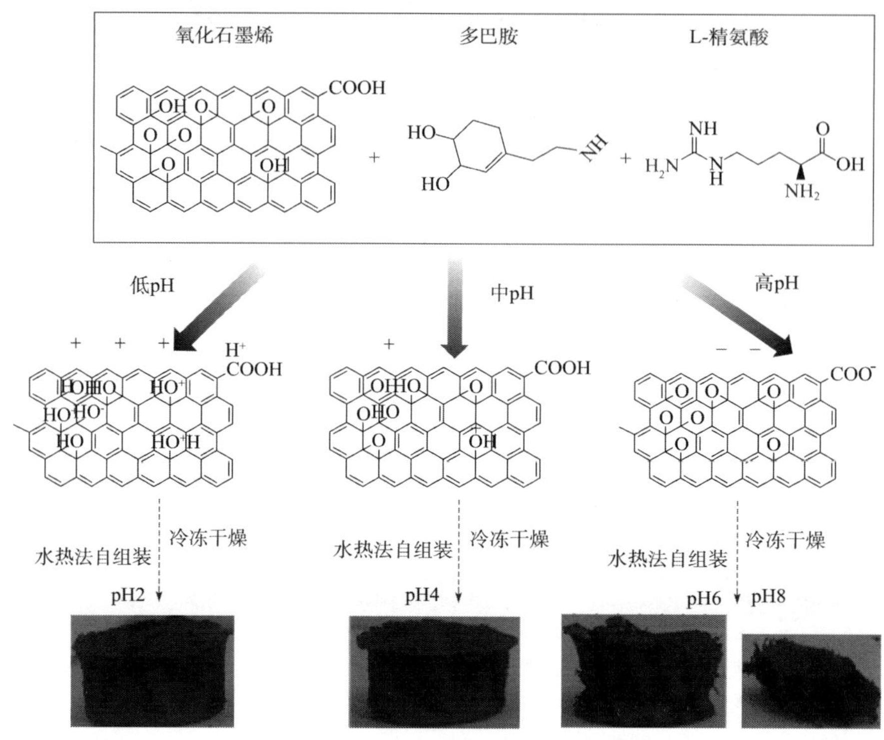

图3-2 超轻氮掺杂石墨烯吸油气凝胶的制备工艺

3.2.4 海绵吸油材料

聚氨酯(PU)海绵不仅成本低,还具有许多特殊性能,包括低密度、高孔隙率和优良的柔韧性,被用作疏水材料的预处理模板。海绵对水和油的吸附没有选择性,无法分离油和水。通过表面改性,可以使海绵性质由原来的既亲水又亲油变为只亲油不亲水,从而提升其吸附选择性,实现油水分离。但简单浸渍的方法不一定能保证效果,可将石墨烯黏附在海绵骨架上,在复合的海绵上涂覆一层薄的聚二甲基硅氧烷膜或采用黏合剂多巴胺(PDA)来增强改性效果。将碳纳米管(CNT)通过多巴胺牢固地锚定在聚氨酯海绵骨架上。疏水性十八烷基胺(ODA)通过化学键与海绵结合,PU - CNT - PDA - ODA海绵具有强吸附能力、高疏水性、耐腐蚀性、高机械强度和弹性,选择性吸附能力高达自身质量的34.9倍,装饰在相互连接的骨架上的亲油性ODA促进了油从外部进入内部孔隙的传输,因此具有较强的吸油能力,吸收的油可以通过简单的挤压过程收集,海绵可以重复使用150次。石墨烯包裹海绵不仅吸油速度快,而且在施加电压的情况下可以快速净化黏性原油,这对原油的处理提供了新的解决思路。自组装静电纺丝改性硅胶海绵具有优异的超疏水性和油选择性、低堆积密度($49mg/cm^3$)、高比表面积($8.7m^2/g$)和吸附能力($45 \sim 91g/g$)、超高的热阻(对液氮和燃烧的耐受性)、灵活性、可变形性、耐久性和通过磁场操纵的远程可控性。在恶劣条件(如强酸或强碱,海上油类)下,海绵状吸附剂处理溢油和化学品泄漏的效率可能相当有限,改性石墨炔海绵具有优异的吸附能力,可达自身质量的160倍;改性石墨炔海绵的稳定性较强,即使在强酸和强碱中浸泡7d仍然稳定。

3.2.5 油水分离膜

膜分离技术主要用于分离稳定的乳化油,是对含油污水进行深度处理的可行而有效的方法。疏水性膜的研究最多,常用的疏水性膜由聚乙烯、聚偏氟乙烯和聚四氟乙烯等聚烯烃类聚合物组成,去除油中少量水杂质的效果良好,但是膜容易被严重污染。另外,油分子容易在疏水膜内聚结而阻止水通过,使水通量急剧下降。为使油能快速离开膜表面、防止膜污染、保持水通量,膜的表面化学性质应是亲水的。亲水性膜水通量高,抗污染能力强,已逐渐成为含油污水除油作业的主要膜材。亲水性的强弱可通过添加适当的亲水基团来控制。常用的亲水膜材料有聚醚砜、纤维素酯、聚酰亚胺/聚醚酰亚胺、聚脂肪酰胺和聚丙烯腈等具有亲水基团的高分子聚合物。增大膜的亲水性有利于水通量的提高,可大大降低膜的污染,但亲水性过高时膜易溶胀,丧失机械强度。另外,亲水性膜较疏水性膜耗费能源多,且易受表面活性剂的影响。无机陶瓷膜也属于亲水膜,氧化铝膜使用最为广泛,近来的研究则注重二氧化钛膜、二氧化硅膜、二氧化锆膜及其复合膜。陶瓷膜的优点很多:能承受高温、高压,抗化学药剂能力强,机械强度高,受pH值影响小,抗污染,寿命长等,但陶瓷膜制备成本高,膜孔不易小孔径化,可选用的材料种类较有机膜少得多。膜分离技术所面临的最重要的限制因素是膜污染问题,可以使用膜表面改性技术增强膜表面的亲水性以减小污染。通过表面改性技术可制出适当的油水分离膜,其既具有足够的机械强度,又能有效地降低膜污染。膜表面改性技术主要有有机物接枝膜改性、等离子聚合法、有机物嵌段共聚膜改性、溶剂化、离子移变凝胶膜和共混复合改性等,其中共混复合改性方面的研究越来越引起人们的重视。该方法在溶剂中加入改善性能的助溶剂,使两种膜材料的相容性得到改善,诱导一种膜材料在另一种膜材料表面成膜,使界面高分子互相贯穿成网络结构,即互穿聚合物网络(IPN)。由于膜技术具有分离效率高、节能、设备简单、操作方便等优点,其在油水分离领域有很大的发展潜力。由于有膜污染问题,因此需要对膜材料进行表面改性,从而使膜保持良好的分离性能和较长的使用寿命。油水分离膜可用于处理含油污水、石油开采等需要进行油水分离的场合。

3.3 纳米材料固定化酶

为了弥补天然酶的缺陷,科研人员将酶固定在固相载体上以提高其稳定性,达到回收再使用的目的。将纳米酶与生物酶的催化功能耦合是一个重要的发展方向。

3.3.1 固定化酶的纳米材料和方法

纳米材料固定化酶的传统方法包括物理吸附法、共价结合法和包埋法。物理吸附法是最简单的一种固定化方法,酶与载体之间通过范德华力或离子键等相互作用进行连接,但这种连接极不稳定;共价结合法是利用酶分子上的氨基、羧基或芳香环与载体上的某些基团形成共价键,使酶固定在载体上,形成的共价键较为牢固,具有更大的操作稳定性;包埋法是通过聚合作用在水相和水/油界面形成分散的纳米颗粒，使酶包埋在其中，这种方法的难点在于纳米颗粒大小的控制，以及每个颗粒中酶量的控制。因此，更先进的基于纳米尺度的固定化方法逐渐发展起来（图3-3）。

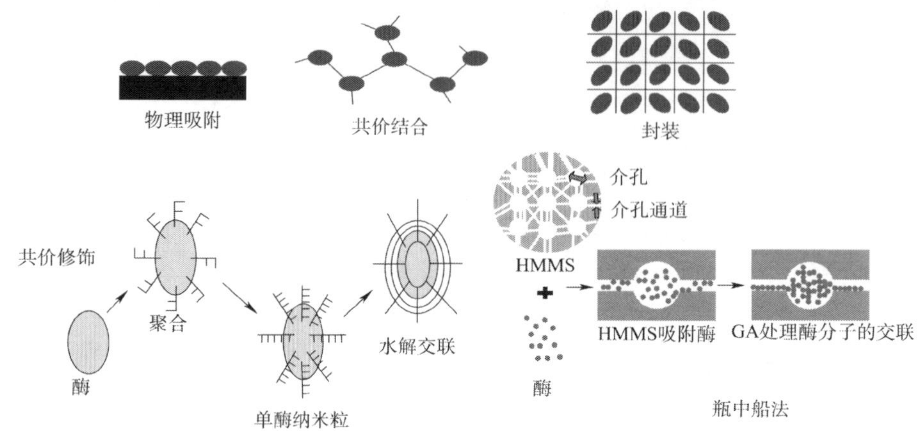

图3-3 纳米级酶固定化方法

1）单酶纳米颗粒

酶-聚合物纳米复合材料单酶纳米颗粒（single enzyme nanoparticles，SENs）是在酶分子表面包被上几纳米厚的有机-无机混合型聚合物网络，包埋过程由以下三步组成：(1)酶的表面修饰：酶表面氨基与丙烯酰氯反应引入乙烯基团。(2)改性后的酶通过增溶作用从水相进入有机相中，然后酶表面发生乙烯基聚合物的生长。(3)聚合物链聚合。此外，酶的活性可以根据需要通过外部材料层的调控来开启和关闭。固定花斑漆酶的SENs通过丙烯酰氯修饰固定，然后在水相中原位聚合聚丙烯酰胺，得到的单个花斑漆酶纳米粒子直径小于50nm，活性回收率为66.33% ±2.57%；游离酶和固定化酶的催化效率指数（Kcat/Km值）接近，而固定化酶的Km值显著降低，表明酶固定化后对底物的亲和力增加；固定化酶和游离酶在60°C、240min时表现出相似的热稳定性，固定化酶在室温下15d后表现出更好的催化活性，酶的稳定性增加。对该方法进行改进，开发了一种独特的酶－硅酸盐结合物材料，即单酶笼状纳米颗粒（single enzyme cage nanoparticles，SECNs），它由每个酶分子表面自组装的分子薄硅酸盐层组成，通过酶分子表面的二氧化硅聚合，用少量的表面活性剂将每个酶分子溶解在己烷中而合成；SECNs在具有最小底物扩散限制的水介质中具有接近天然酶的活性，在硅酸盐网的保护下具有很高的稳定性；由于接近分子大小，SECNs还可以被吸附到介孔二氧化硅材料中，从而构建高活性且易于回收的酶系统，该系统可用于许多潜在的生物催化应用，如诊断、生物传感器、生物转化等。

2）"瓶中船"方法

"瓶中船"（ship in a bottle）方法，也称为NER（nanoscale enzyme reactor）方法，最初是用一种具有内孔（37nm）和通道（13nm）的分子筛载体，采用先吸附后交联的方法将α-糜蛋白酶和脂肪酶固定于载体的内孔表面，使其不会从孔道泄漏出来。虽然这种方法在酶固定化方面有很大的潜力，但研究人员对其关注相对较少。磁分离高稳定的环氧化物水解酶（McEH）生物催化剂体系，将环氧化物水解酶蛋白吸附到具有瓶颈的介孔氧化硅中进行交联，有效地阻止了环氧化物水解酶在较大介孔中的浸出，获得了高负载和高稳定性的环氧化物水解酶系统，在介孔二氧化硅中预先加入的磁性纳米颗粒使得固定化环氧化物水解酶很容易被回收;将制备的 McEH 系统用于氧化苯乙烯外消旋物的拆分,在 7 次循环使用后仍保留超过 50% 的初始活性。在介孔泡沫氧化硅(MCF)上吸附南极假丝酵母脂肪酶,制备"瓶中船"结构的纳米级酶反应器,提高热稳定性;将 CALB/MCF 用于(R,S) – α – 四氢萘醇与醋酸乙烯酯的对映体选择性酯化反应,具有良好的催化性能。

3.3.2 纳米固定化酶的应用

酶促生物转化因其底物专一性、对映体选择性和温和的操作条件而成为合成化学和生物制造等领域的研究热点。与传统的固定化酶生物转化相比,纳米生物催化剂具有更高的酶负载率和稳定性,在各种生物转化体系中得到了广泛的应用。脂肪酶是一种广泛应用的生物催化剂,能够催化酯化或酯交换反应,并有较宽的底物谱,在医药和精细化学品的合成领域具有广阔的应用前景。腈水合酶因在温和条件下合成有价值的酰胺类化合物而受到广泛关注,然而酶的稳定性差仍然是其工业应用的主要缺陷之一。

基于纳米生物催化的级联催化系统的研究也有一些报道。以纳米颗粒金属有机框架 ZIF8 – NMOFs作为微反应器,在其内部集成葡萄糖氧化酶和辣根过氧化物酶双酶系统,或者 β – 半乳糖甘酶、葡萄糖氧化酶和辣根过氧化物酶三酶系统,使得整个催化级联反应活性分别提高7.5 倍和 5.3 倍。除此之外,通过 NMOFs 包裹乙醇脱氢酶、NAD + 聚合物以及乳酸脱氢酶,实现了偶联的生物催化级联反应,最终可以利用乙醇将丙酮酸还原成乳酸(图 3-4)。

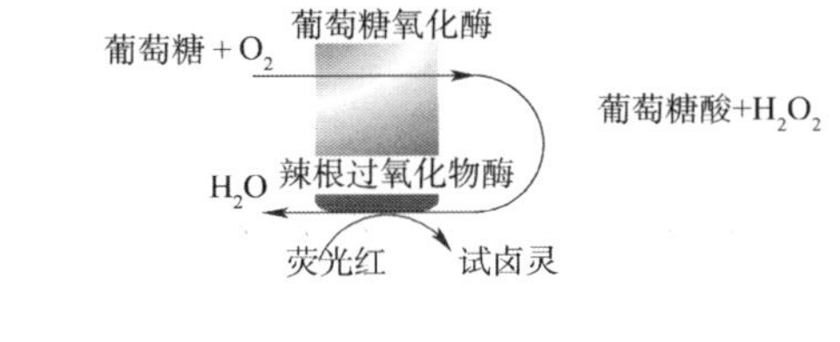

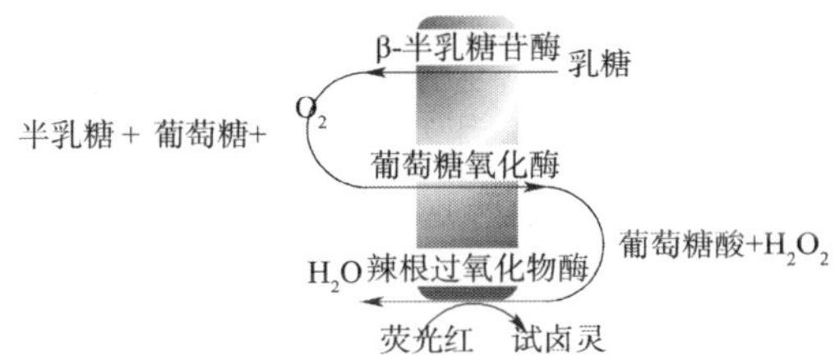

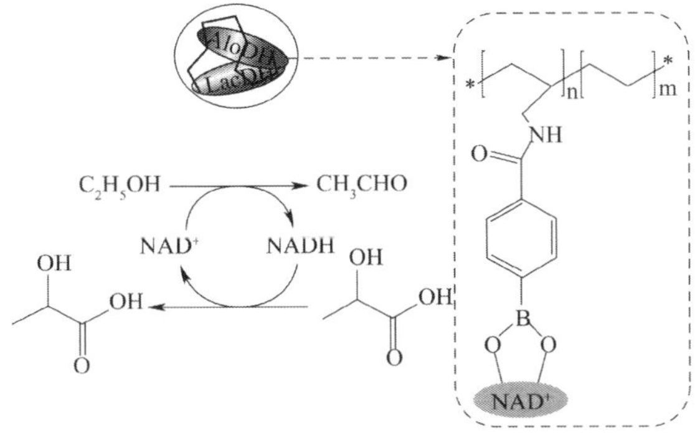

图 3-4 基于纳米生物催化的级联催化系统

使用纳米材料固定化酶,在酶与底物及产物的分离、酶的生物相容性和稳定性等方面具有独特的优势。利用共固定化技术将多种生物催化剂共固定在纳米材料上来实现生物级联催化,已经应用于生物转化、生物电子学等领域。纳米材料与生物催化剂之间的相互作用还有待进一步的研究,如何平衡酶的活性、稳定性及酶的化学选择性和立体选择性仍然是纳米生物催化面临的一个重要问题,纳米酶与生物酶的协同组合及固定,对于克服各自的缺陷、发挥各自优势将大有作为。相信随着纳米技术、酶制备及固定化技术的发展,纳米生物催化技术必将得到快速发展并在生物化工、生物检测、能源等领域得到更广泛的应用。

3.4 海洋多糖智能靶向除污系统

纳米粒是指粒径为 1 ~ 100nm 的颗粒;在药剂学中,纳米粒一般是指粒径为 10 ~ 1000nm、用于递送药物或生物分子的纳米载体;在污水处理领域,纳米粒(微球)一般是指粒烃为 100 ~ 9000nm、用于固定化酶和微生物的载体,主要包括纳米球、纳米囊、纳米胶束等。靶向除污系统的主要研究内容包括:

(1)选择适当种类的载体材料和配比,以获得适当的嗜油菌释放速度。

(2)筛选特异性配基修饰载体的表面,以提高其传递的靶向性。

(3)研究载体与油污相互作用的动力学过程。

(4)优化靶向载体的制备方法,提高其固定化能力及工业化生产的可能性。

(5)进行相关的现场实验。

制备纳米载体系统的原料必须具有生物相容性,还应可生物降解,常用的材料包括聚乳酸、聚乙醇酸、聚己内酯、多糖(如壳聚糖)、聚丙烯酸系列、蛋白质或多肽(如明胶)等,其中多糖是制备纳米载体系统最常用的材料。多糖是地球上含量最丰富的天然聚合物。在过去的几十年里,来源于海洋生物的多糖类物质(以下简称海洋多糖)不仅成为学术研究的热点,也吸引了医学和制药工业领域的广泛关注,主要是因为海洋多糖具有多样的生物活性,在生物、医药和健康领域展现出了巨大的应用潜力。大型海藻(褐藻、红藻和绿藻三类)是海洋多糖的主要来源。其中,褐藻中富含褐藻胶多糖(结构式如图 3-5 所示)、岩藻多糖(结构式如图 3-6 所示);红藻中含卡拉胶多糖(结构式如图 3-7 所示)、琼胶多糖(结构式如图 3-8 所示)等;绿藻则主要含石莼多糖(结构式如图 3-9 所示)。海藻多糖一般为水溶性,大都含有硫酸基团,具有很强的凝胶性和增稠性。

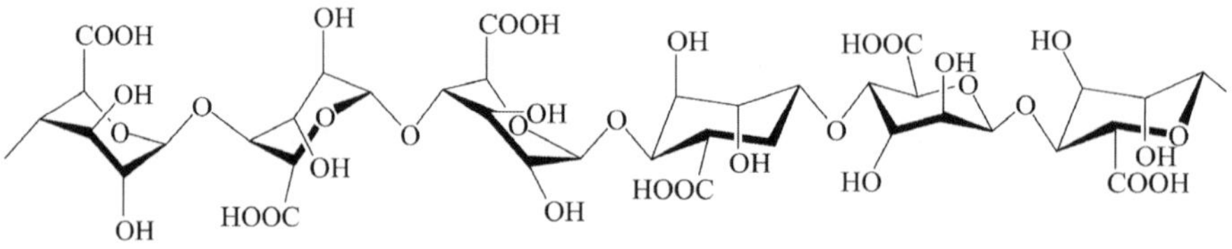

COOH OH O OH OH HOOC OH COOH OH O OH OH HOOC OH O HOOC OH O HO HO OH COOH

古罗糖醛酸单位G-Block 古罗糖醛酸与甘露糖醛酸单位GM-Block 甘露糖醛酸单位M-Block

图 3-5 褐藻胶多糖

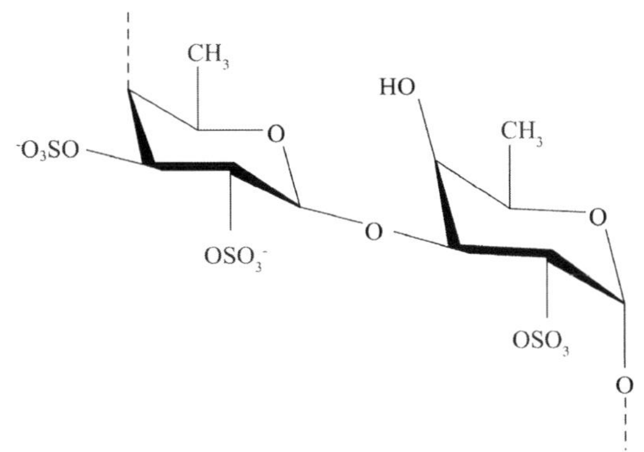

图 3-6　岩藻多糖(Fucoidan)的结构式

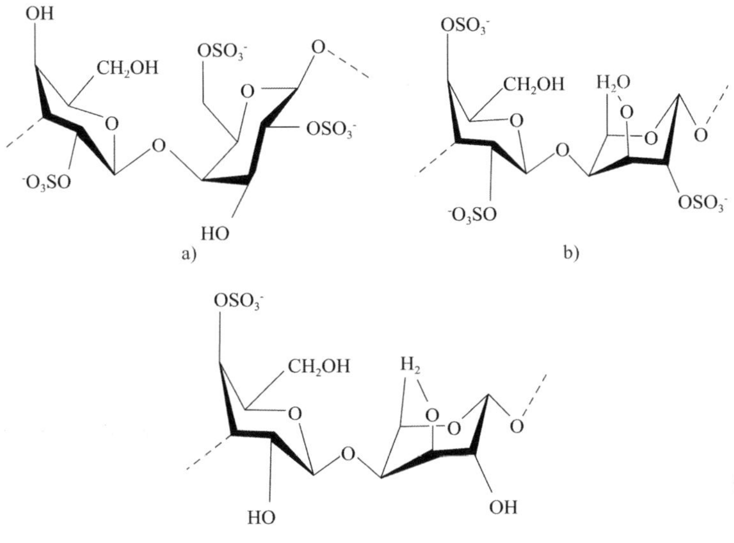

a)

b)

c)

图 3-7　卡拉胶多糖的分子结构式

a)λ 型;b)τ 型;c)κ 型

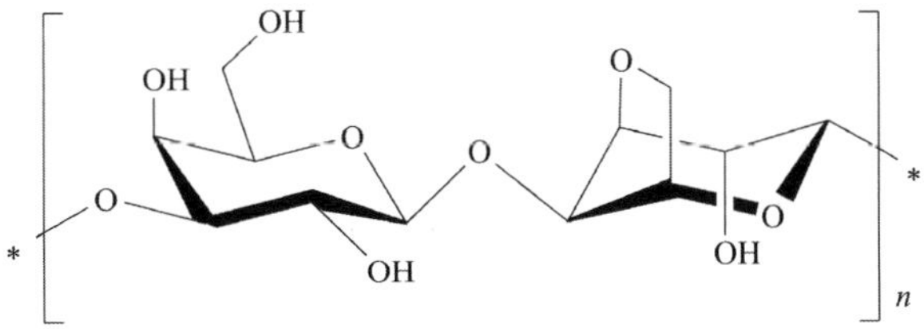

图 3-8　琼胶多糖(Agarose)的结构式

海洋动物是海洋多糖的另一个重要来源。动物多糖结构更复杂多样,如甲壳动物含有大量的几丁质(结构式如图 3-10 所示)。几丁质是仅次于纤维素的第二丰富的生物聚合物,主要来源于甲壳类动物的外骨骼和细胞、真菌和昆虫。鲨鱼皮肤中含有透明质酸(结构式如图 3-11 所示)、鲨鱼软骨中有大量的硫酸软骨素(结构式如图 3-12 所示);另外,软体动物扇贝、文蛤、鲍鱼、海兔等富含糖蛋白或糖胺聚糖等。部分海洋细菌和真菌可以产生种类多样的胞外多糖,由于可以通过发酵进行规模化生产,是海洋多糖一个潜在的重要来源。海洋多糖具有来源丰富、毒性低、生物降解容易、生物相容性好、亲水性好等特点；同时，其多糖链上大量游离羟基和羧基的存在，使化学改性变得非常容易。另一方面，海洋多糖的一些独特理化性质，还为制备主动靶向纳米材料提供了可能。例如，利用海藻酸钠和壳聚糖的生物黏附性可制备定位于黏膜的纳米粒；利用石莼多糖含有的大量鼠李糖残基可制备靶向的纳米粒。因此，海洋多糖是制备药物、微生物靶向材料的理想原料。

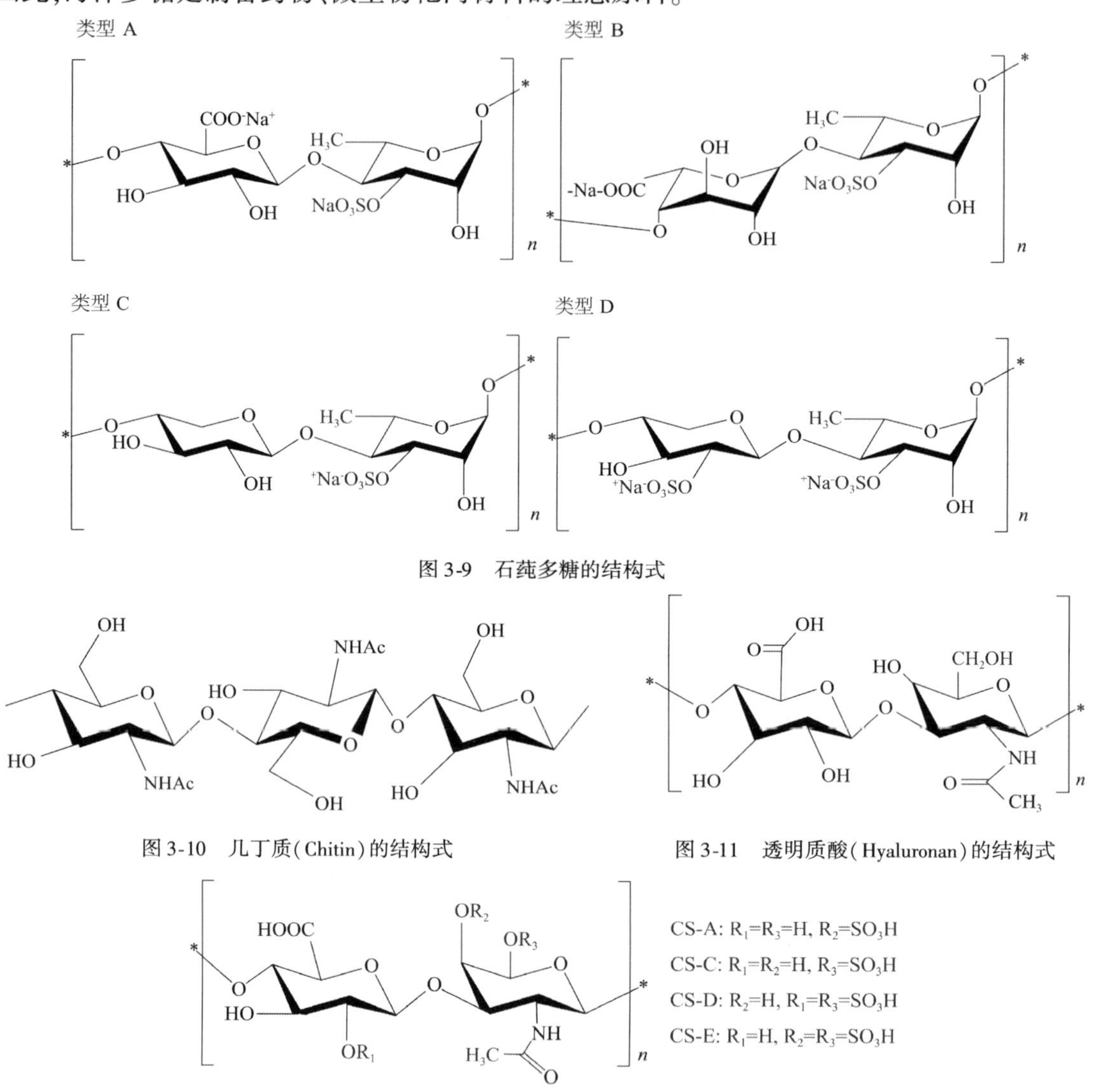

图 3-9 石莼多糖的结构式

图 3-10 几丁质(Chitin)的结构式

图 3-11 透明质酸(Hyaluronan)的结构式

图 3-12 硫酸软骨素(Chondroitin sulfate)的结构式

3.4.1 多糖纳米载体材料的制备方法

依据原材料的性质和载体功能的不同需求，纳米固定化载体材料的制备方法主要有两类。

(1)自上而下法(Top-down methods)。即由大变小法，是用机械的方法将宏观尺度较大的材料转化为小单元的方法，常用的方法有胶体磨碾磨法、高压均质法、纳米喷雾干燥法等。

（2）自下而上法（Bottom-upmethods）。即由小变大法，是在原子和分子水平上，通过分子或胶体颗粒间的结合来构筑纳米载体。由于该方法可在原子、分子水平上设计载体的结构和性能，因此可装备出高质量的纳米材料，是制备纳米材料的主流技术，主要方法包括交联法、自组装法和缀合物合成法等。基于海洋多糖的纳米材料的制备主要是采用这一技术。

1）共价交联法

共价交联法是利用多糖分子链上的羟基、氨基或羧基等能与交联剂（如戊二醛、甲醛、甘油醛、环氧氯丙烷等）上的活泼基团发生共价交联反应制备纳米粒的方法。例如，将壳聚糖溶液分散于油相（如石蜡油、矿物油、植物油等）制备油包水型（W/O）乳液，同时加入适当的交联剂（如戊二醛等）对纳米粒进行固化（制备原理如图3-13所示）。该方法制备的纳米粒可形成稳定的刚性三维网状结构，能吸附水分和生物活性成分。但这种方法使用的交联剂往往具有细胞毒性，对所负载药物或生物活性也有影响。因此，近来已被一些新型的低毒性交联剂，如京尼平（Genipin）、1-(3-二甲氨基丙基)-3-乙基碳二亚胺盐酸盐（EDC）、天然二元和三元羧酸所替代。

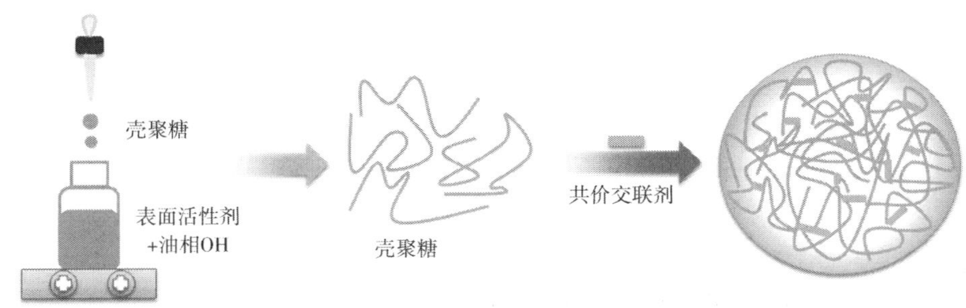

图3-13　共价交联法制备海洋多糖固定化载体的原理示意图

2）离子交联法

离子交联法主要通过正、负电荷间的静电作用来制备纳米粒。在带电荷的小分子存在的条件下，带相反电荷的多糖分子结合在一起形成纳米粒子。例如，带正电荷的壳聚糖分子通过与带负电荷的三聚磷酸钠分子的静电作用而形成纳米粒。离子交联法制备纳米粒的条件温和、对所负载的药物，特别是生物大分子药物（如多肽和蛋白质）的活性影响较小，是一种制备生物降解和生物相容性的多糖纳米粒的有效方法。离子交联法制备海洋多糖固定化载体的原理如图3-14所示。

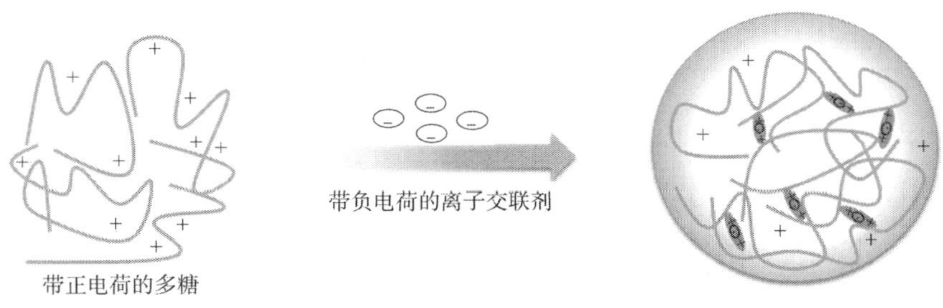

图3-14　离子交联法制备海洋多糖固定化载体的原理示意图

3）聚电解质复合法

聚电解质复合法是指在溶液中两种带相反电荷的聚电解质通过静电相互作用凝聚形成纳米结构的聚集体（PEC）。例如，将聚阴离子多糖（如透明质酸、海藻酸钠、硫酸软骨素、羧甲基纤维素等）溶液与聚阳离子多糖（如壳聚糖）溶液按一定比例混合，室温下搅拌即可形成纳米复合物。聚电解质复合法制备海洋多糖固定化载体的原理如图3-15所示。聚电解质复合法对于水溶性小分子或生物大分子物质的递送均适合，而且制备过程简单，也不需要添加其他化学试剂，因此得到了广泛的应用，是一种理想的制备纳米载体的方法。与离子交联法不同，在PEC中，由于静电相互作用发生在大分子之间，溶液的pH值、离子强度、温度以及混合的持续时间和顺序等对其稳定性影响较大；其次，其稳定性还会受到聚电解质的分子量及分子的柔韧性等因素影响。加入小分子离子交联可以增强大分子之间的相互作用，得到更稳定的纳米复合物。

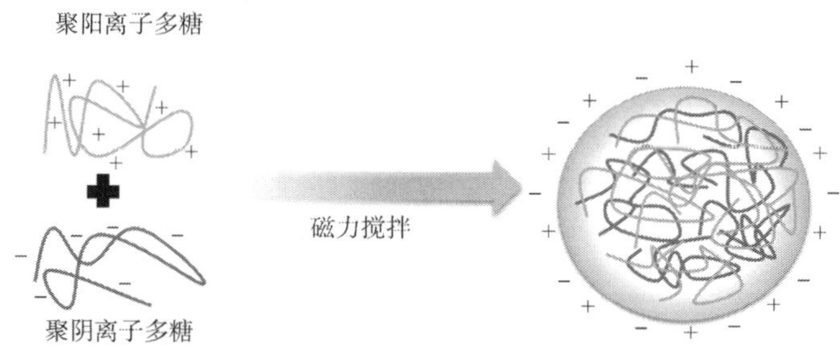

图3-15　聚电解质复合法制备海洋多糖固定化载体的原理示意图

4）自组装法

海洋多糖分子链上存在多种可被修饰的基团，如羧基、硫酸基、羟基等，易于进行化学改性。将疏水性基团（如烷基、芳香、脱氧胆酸基等）接枝到亲水性糖骨架上，可制成两亲性多糖分子。在水相环境中，两亲性多糖为了使界面自由能最小化，其上的疏水基可通过分子内和/或分子间自组装成自聚集体（图3-16）。例如，疏水化修饰（如烷基化或脱氧胆酸化等）的壳聚糖通过超声或乳化处理的两亲性分子可以自组装成纳米粒，用作活性物质的载体。

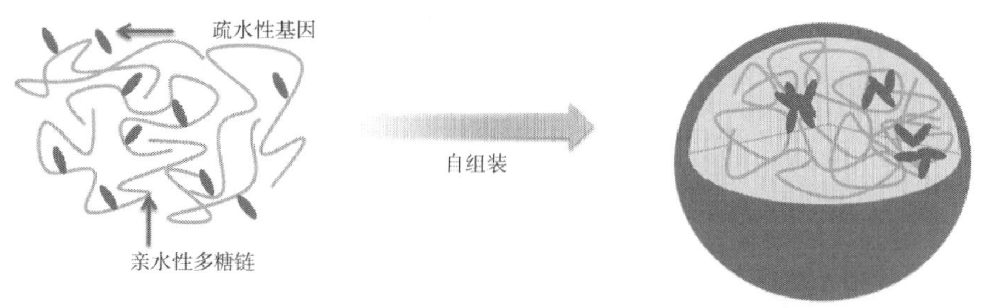

图3-16　自组装法制备海洋多糖固定化载体的原理示意图

通过自组装法制备的纳米粒在应用上有以下特点。

（1）可通过原料的选择和制备工艺的优化控制纳米粒的粒径和分散度。

（2）与传统的小分子表面活性剂相比，聚合物的临界胶束浓度较低，使纳米粒的结构在各种生理条件下具有较好的稳定性，保证药物的高运送效率和生物利用度。

(3)纳米粒具有一种独特的核–壳结构,其中核是由多糖分子链上的疏水基团聚集而成,而外壳是由多糖的亲水骨架构成。内核主要通过疏水作用结合小分子药物或生物大分子(如蛋白质、DNA 等),而外壳的表面性质决定了纳米粒的生物利用度。

5)逐层组装法

逐层组装法是一种多用途的纳米制造技术,聚电解质逐层组装法是制备纳米复合材料最有效的方法之一。基于静电相互作用,用带相反电荷的聚电解质的交替吸附来制备纳米粒的技术是近年来出现的一个新的策略。例如,以聚阳离子壳聚糖和聚阴离子硫酸葡聚糖为原料,采用逐层组装法可制备多层纳米粒(图 3-17)。逐层组装法制备纳米粒的优势表现在:

(1)在生理条件下,治疗药物和生物材料通过非共价的形式掺入逐层组装的膜中,其生物活性不受影响。

(2)可通过控制表面化学、逐层组装膜的厚度等因素将多种组分组合在一起,制备可自由调节药物释放持续时间的多功能纳米给药系统。

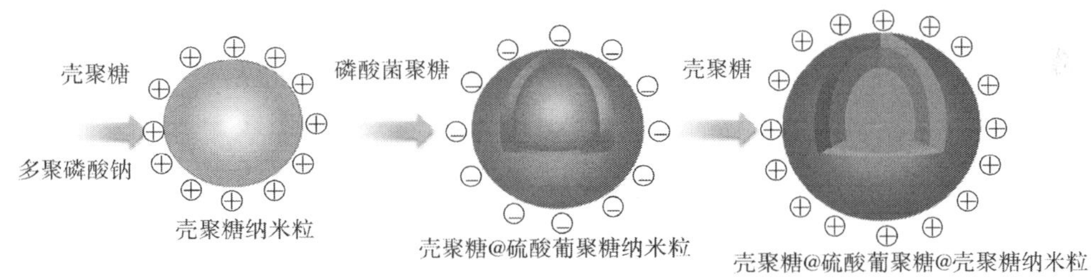

图 3-17　逐层组装法制备海洋多糖固定化载体的原理示意图

6)糖链-缀合法

1975 年,Ringsdorf 首次提出了可以制备聚合物-药物缀合物用于小分子疏水性药物的递送。缀合物借助滞留渗透(EPR)效应,能够选择性地在目标处聚集和积累。这种传递策略可用于制备糖链-微生物缀合物处理乳化油污。糖链-缀合物主要由 3 部分组成:多糖分子、微生物和连接两者的可生物降解间隔臂,同时还可共价偶联上示踪剂和靶向载体的配基(图 3-18)。在进行缀合物设计时,间隔臂的选择是成功的关键因素。糖链–微生物缀合物的大小和形状最终由其组分的特性决定。例如,糖链–疏水性缀合物可自组装成球形纳米粒,糖链位于表面,而嗜油菌位于其核心。

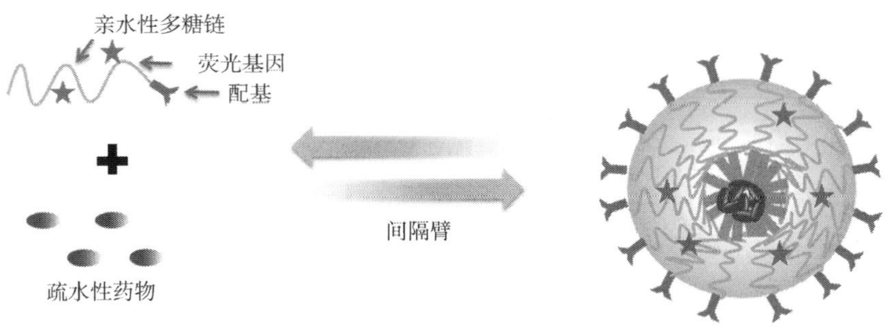

图 3-18　糖链-缀合法制备海洋多糖固定化载体的原理示意图

3.4.2 多糖纳米递送系统的应用

1)褐藻胶多糖

褐藻胶多糖由于具有优异的生物相容性、低成本、低生物毒性和环境响应性等优点而被广泛研究并应用于靶向传递。制备褐藻胶多糖纳米粒的常用方法是离子交联法,其中交联速率是控制褐藻胶多糖纳米粒形成的关键因素。该方法适用于水溶性活性成分的包封。中国海洋大学以苯丙氨酸乙酯为疏水基团,制备了疏水修饰的海藻酸钠-苯丙氨酸乙酯(SA-PE, SP)耦合物,以维生素B2(VB2)为模式营养物制备了载药的海藻酸钠纳米粒(VB2-SP),制备原理如图3-19所示。激光共聚焦扫描显微镜显示海藻酸钠-苯丙氨酸乙酯能够提高所负载营养物的生物利用度,解决低生物利用度营养物质吸收问题。

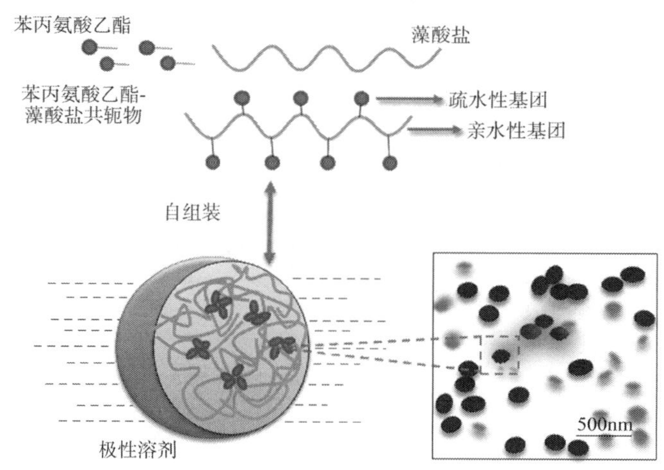

图3-19 基于苯丙氨酸乙酯的共轭物的自聚集体的示意图

2)岩藻多糖

因褐藻种类不同,岩藻多糖的结构和组成有差别,海带来源的岩藻多糖由硫酸岩藻糖通过α-(1→3)糖苷键连接而成,而墨角藻和泡叶藻来源的岩藻多糖通过α-(1→3)和α-(1→4)糖苷键连接而成。岩藻多糖具有多种生物学活性,如抗凝、抗病毒、抗血管生成、抗肿瘤、抗炎、抗氧化剂以及抗增殖和免疫调节特性,是用于制备药物递送载体的优质材料。可以使用羧甲基化的瓜儿豆胶多糖及岩藻多糖作为还原剂和稳定剂来生物合成银纳米粒。从褐藻中分离出岩藻多糖,使用脂质体作为纳米载体将其包裹在纳米粒中。为了制备载有化疗药物的纳米粒,研究人员又通过岩藻多糖的乙酰化合成了疏水改性的岩藻多糖。阿霉素被用作治疗模型中的化疗药物,将该药物装载于乙酰化岩藻多糖纳米粒子中研究其载药性能。

3)卡拉胶多糖

卡拉胶多糖根据不同硫酸根基团的取代度分为λ、τ、κ3种类型。卡拉胶多糖制备的纳米粒具备缓释及可控性,是优良的活性物质输送载体,对成纤维细胞的生物毒性低,具有良好的生物相容性,是活性物质递送载体的优良材料。

4)琼胶多糖

琼胶多糖可用作胶凝剂、增稠剂、助悬剂、乳化或乳化稳定剂等,用于凝胶剂、冻胶剂、乳剂、合剂的制备。琼胶多糖还常用于生物化学、分子生物学等生物技术领域，通过琼脂糖电泳分离 DNA 等生物分子。

5）浒苔多糖

浒苔多糖的单糖组成比较复杂，随季节、种类和地域的不同有一定差异，主要由鼠李糖、葡萄糖、木糖和葡萄糖醛酸等组成。木糖通过 α-(1→2,4) 连接；鼠李糖、葡萄糖醛酸和葡萄糖通过 α-(1→4) 连接；半乳糖通过 α-(1→3,6) 连接；其中硫酸化基团位于木糖的 O-2 位置。浒苔多糖（PEP）和浒苔低聚糖（LEP）通过氯磺酸/吡啶法制备其硫酸衍生物（SPEP 和 SLEP）。天然多糖经酶降解和硫酸化修饰后显著增强了超氧自由基、羟基自由基、DPPH 自由基的体外清除活性。浒苔多糖（PEP）和壳聚糖（CS）在 pH4.0 的条件下成功制备单分散、带负电荷的聚电解质复合纳米粒（EP/CSNPs）（图 3-20）。负载姜黄素纳米粒（CUR-NPs）形态为球形，粒径为 230～330nm，带负电荷。负载姜黄素纳米粒改善了姜黄素的储存稳定性、热稳定性和光稳定性。在体外释放实验中能持续释放姜黄素，对于疏水性活性物质递送，浒苔多糖纳米粒是一种有前景的载体。

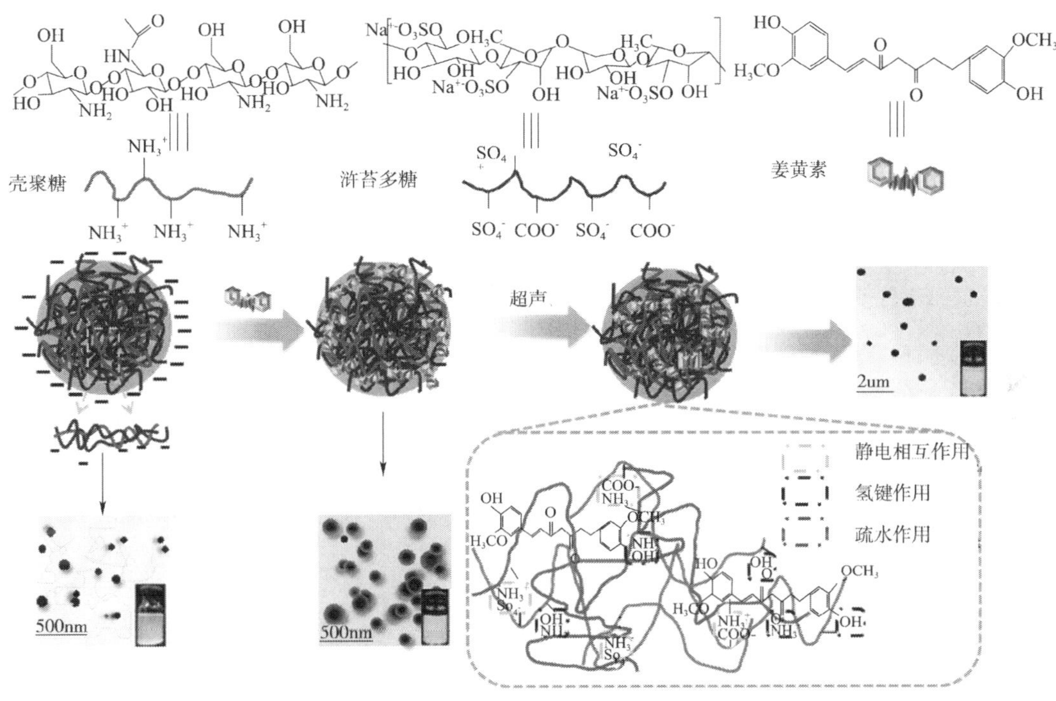

图 3-20　聚电解质复合纳米粒（EP/CSNPs）和负载姜黄素纳米粒（CUR-NPs）的原理图

6）壳聚糖

壳聚糖由 β-(1→4) 连接 N-乙酰-D-葡萄糖胺（GLCNAC）和 D-葡萄糖胺（GLCN）以 β-(1→4) 糖苷键相连接。壳聚糖糖链骨架上游离氨基的存在为制备基于壳聚糖的纳米粒提供便利。因此，可以通过自组装法、交联法和聚电解质复合法等方法制备壳聚糖纳米粒。壳聚糖纳米递送载体用于小分子、蛋白质活性物质的递送。基于亚油酸修饰的羧甲基壳聚糖（LCC）、丙烯腈（AN）和碱性氨基酸（精氨酸，ARg）修饰的壳聚糖（CS）（AN-CS-ARg）、N-乙酰组氨酸（NACHiS）和精氨酸（ARg）修饰的壳聚糖等的纳米粒分别用作小分子活性物质的载体,反应原理如图 3-21 所示。

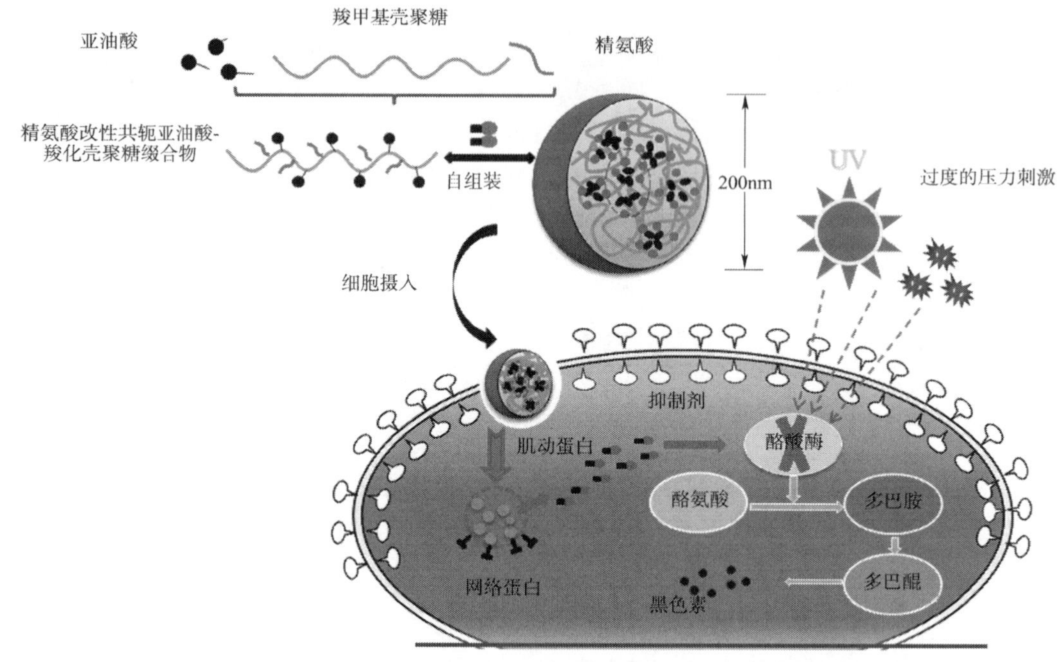

图 3-21 精氨酸改性共轭亚油酸-羧化壳聚糖-NPs 在蒸馏水中的自组装与苯乙基间苯二酚的高效传递

靶向的叶酸修饰壳聚糖纳米粒能够进一步提高递送效率。碱性氨基酸性共轭亚油酸-羧化壳聚糖缀合物可以自组装成超分子胶束,包封微生物或生物表面活性剂,可应用于靶向传递石油烃降解菌。如图 3-22 所示,将硬脂酸改性的壳聚糖采用自聚合法制备壳聚糖纳米粒,并通过共轴气流法将壳聚糖纳米粒包埋在海藻酸盐微球中,在温和的条件下形成一种纳米微传递系统(NiMDS)。

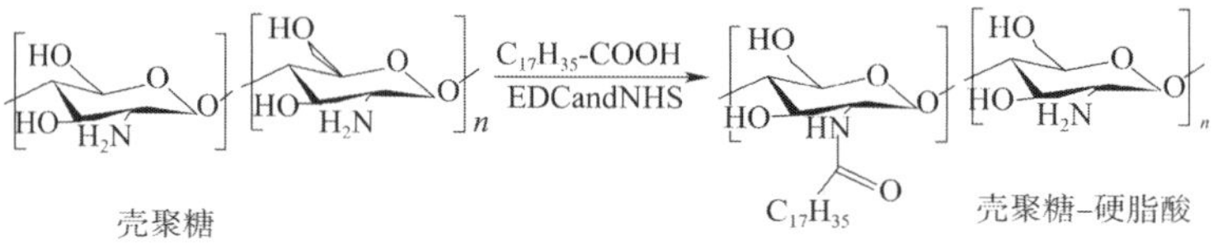

$C_{17}H_{35}$-COOH
EDCandNHS
壳聚糖
壳聚糖–硬脂酸

a)

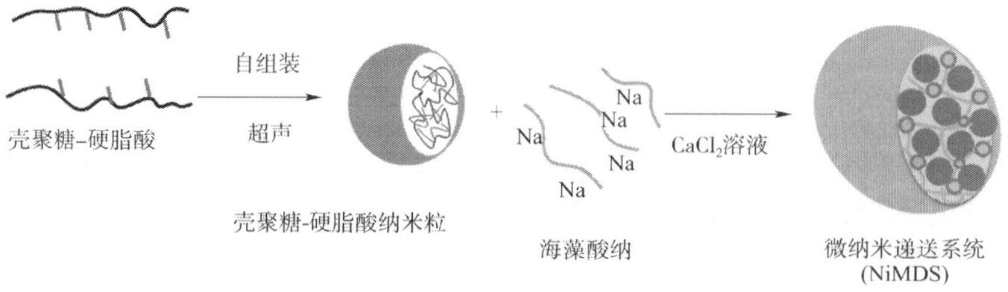

自组装
超声
壳聚糖–硬脂酸
壳聚糖-硬脂酸纳米粒
海藻酸钠
$CaCl_2$溶液
微纳米递送系统
(NiMDS)

b)

图 3-22 壳聚糖-硬脂酸传递系统

a)硬脂酸改性壳聚糖的原理图;b)纳米微传递系统的形成

基于两亲性多糖自组装纳米粒还可通过氢键和疏水作用结合蛋白质,并自发地形成蛋白质-纳米粒复合物。这种复合结构可提高蛋白质抵抗变性的能力和热稳定性,其作用类似于"分子伴侣",可预防蛋白质不可逆地变性聚集沉淀。使用基于亚油酸接枝的壳聚糖自组装纳米粒负载胰蛋白酶,纳米粒可显著提高胰蛋白酶的稳定性。环境因素(如 pH 值、尿素或盐度)影响纳米粒子的负载效率,因此酶蛋白与纳米粒的结合可能受到氢键、疏水作用和离子相互作用等因素的影响。自组装壳聚糖纳米粒还可以作为菠萝蛋白酶的载体,通过物理吸附和化学共价连接使酶负载于纳米粒上,酶和纳米粒之间的离子相互作用、氢键以及疏水作用力等因素增强了酶分子的刚性。与游离酶相比,固定化酶的特征常数米氏常数(Km 值)变小,说明纳米粒通过静电作用提高了酶与底物的亲和力。聚电解质复合法是另一种制备壳聚糖纳米粒的有效方法。随着糖化学的发展以及各种新型壳聚糖衍生物的研发,壳聚糖纳米活性物质递送载体将在不久的将来被充分开发。

7)透明质酸

透明质酸分子在溶液中相互作用交织成网,对药物分子起到生物黏附作用,使其扩散速率极大减小,从而延长药效。透明质酸的这种缓释药物的功能使之非常适于用作药物载体材料。载药透明质酸纳米粒通过选择脱氧胆酸的取代度来控制纳米粒的粒径、载药量、药物释放速率和细胞的摄入量。载药纳米粒可通过受体介导的胞吞被细胞摄入,组氨酸基团使纳米粒具有显著的 pH 值响应性,显示出广阔的应用前景。与基于化学合成材料(如聚乳酸、聚己内酯等)的纳米粒、基于脂质体的纳米粒相比较,基于海洋多糖的纳米粒在小分子药物、生物大分子药物的递送中显示出独特的优势,如由于其亲水性和低免疫原性的特点避免了对血浆蛋白的非特异性识别和吸附,提高了药物的生物利用度,增强了药物的治疗效果;其凝胶性质(如对刺激的响应性、柔软性和膨胀性等)和易化学或酶学改性的特点为制备靶向和缓控释放生物活性物质提供了可能。

4
海藻酸盐靶向系统

4.1 大孔凝胶型靶向载体

4.1.1 海藻酸钠

海藻酸钠可以从藻类物质中提取,是一种成本低、来源广、可降解且化学结构简单的亲水性多糖。大量研究报道称海藻酸盐聚前药在催化剂作用下合成,可以与疏水性药物直接以酯键或酰胺键偶联,也可以通过中间体相偶联,形成两亲性海藻酸盐聚前药,并在水溶液中通过亲疏水作用自组装为纳米体系,展示出良好的靶向效果。

海藻酸盐是一种天然存在于藻类细胞壁及褐藻固氮菌属和假单胞菌属细菌囊中的多糖,海藻酸盐存在于其细胞壁中,为藻类提供了柔韧性和坚固的结构,并在藻类暴露于强大的海水波浪时进行缓冲,使它们免受可能的伤害。在细菌中,它形成保护膜,有助于生物膜的形成,并帮助细菌黏附和定殖。自 1881 年斯坦福大学从海带中发现海藻酸钠水凝胶以来,海藻酸钠水凝胶广泛用作稳定剂、增稠剂、凝胶剂和乳化剂。世界各地的化学公司已经商业化提取海藻酸钠,总产量约为 30000t,主要来自海带属和大囊藻属。从褐藻中提取海藻酸盐涉及多个过程,包括用矿物酸进行初始处理,将藻类中的海藻酸盐转变为游离海藻酸,然后用碳酸钠或氢氧化钠中和,形成水溶性海藻酸钠。为了回收可溶性海藻酸盐,可以用氯化钙或矿物酸沉淀,分别得到不溶性海藻酸钙纤维或海藻酸凝胶。海藻酸钙是在海藻酸提取过程中产生的,而海藻酸钾和海藻酸铵是通过分别向海藻酸凝胶中添加适当的碱(通常是碳酸钾或氢氧化铵)来产生,典型结构式如图 4-1 所示。海藻酸盐多糖由 α-L-古罗糖醛酸(G 单元)与 β-D-甘露糖醛酸(M 单元)组成,且存在 MM、GG、MG 交替的 3 种序列结构。G 和 M 单元的组成和顺序取决于用于提取海藻酸钠的自然资源类型。从藻类中提取的海藻酸盐,超氧乳酸杆菌的 G 单元含量为 60%,而从其他商业藻类中提取的海藻酸盐的 G 单元含量为 14% ~31%,只有 G 单元的羧基与 Ca^{2+}、Mg^{2+} 等二价阳离子交联形成水凝胶。因此,高 G 单元含量的海藻酸钠形成更硬的水凝胶,而高 M 单元含量的海藻酸钠生成更软的弹性水凝胶。海藻酸钠的分子量越高,凝胶制备过程中的黏度就越大。高 M 单元含量的海藻酸钠比高 G 单元含量的海藻酸钠更具免疫原性。为了提高海藻酸钠的物理性能,将其他物质与海藻酸钠混合,形成海藻酸钠复合物。海藻酸盐复合材料是通过添加天然聚合物(如胶原蛋白、壳聚糖和明胶)、合成聚合物(如聚乳酸和聚吡咯)以及无机化合物(如正硅酸乙酯和羟基磷灰石)形成的。为了使海藻酸钠和海藻酸钠复合材料适用于各种生物技术领域,必须根据具体的应用需求制成不同的形式,如纤维、珠、水凝胶或三维打印材料。海藻酸钠具有生物相容性、无毒和非免疫原的特点，海藻酸钠凝胶型微生物靶向载体材料是治理环境污染的重要基质。

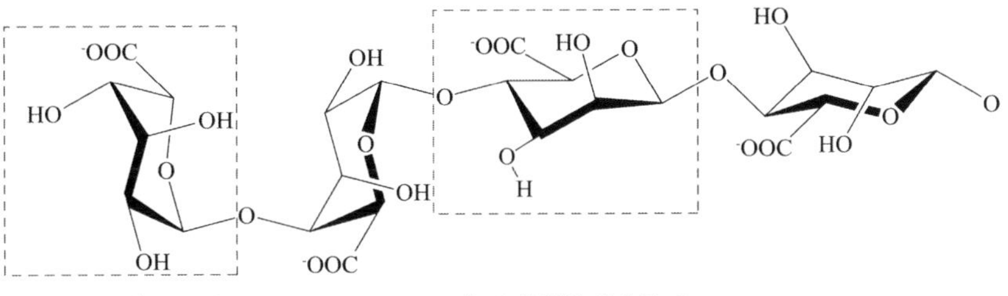

G单元(古罗糖醛酸单元)　　M单元(甘露糖醛酸单元)

图 4-1　海藻酸盐结构式

海藻酸盐中 M 单元和 G 单元的含量可以决定其分子结构，从而影响其生物学特性。G 单元容易与 Ca^{2+} 等二价阳离子螯合，以此形成类似“蛋格”的网络结构，如图 4-2 所示。

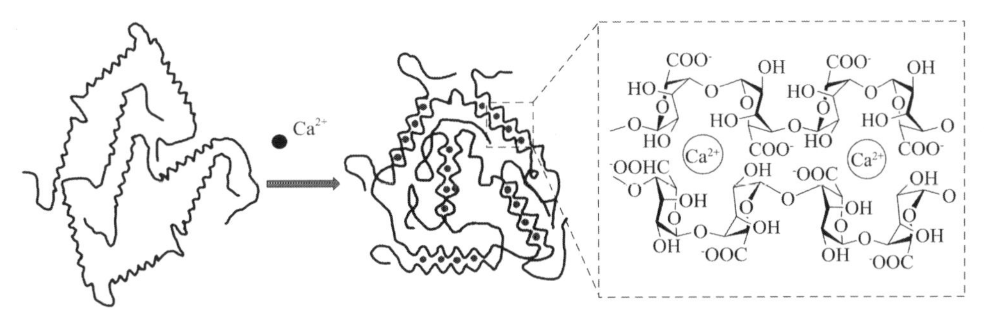

图 4-2　海藻酸盐与 Ca^{2+} 胶凝的“蛋格”结构

海藻酸盐中 M 单元可根据受体-配体结合的生物特异性相互作用原理，作为糖类靶向单元特异性靶向肝细胞膜上分布着甘露糖受体(mannose receptor，MR)。海藻酸盐多糖有着较高的分子量，可在特定酶作用下进行生物降解，生成更小的糖单元，但降解速率相对较低。由此，需要对海藻酸钠进行化学改性，降低其分子量。氧化改性作为海藻酸钠的简单而广泛的化学改性方法之一，得到产物醛基海藻酸钠(aldehyde-sodium alginate，ASA)，降低了海藻酸钠的分子量，有利于提高其降解速率；还可以改变其化学结构，将羟基转变为醛基，为小分子键合提供重要的活性位点。高碘酸盐是一种经典氧化剂，在氧化海藻酸钠的过程中，可以快速攻击 G 单元，保留甘露糖单元的靶向能力。充分利用醛基海藻酸盐为药物载体，在提供有效活性官能团并提高降解代谢速率的同时，不丧失自靶向能力，对疏水性药物的理化性质改善与两亲性聚前药的合成具有极大的意义。

海藻酸钠基水凝胶在结构上是聚合物之间以化学键的形式连接而成三维网络结构。海藻酸钠的糖醛酸单元含有羟基和羧基，这些基团可以与小分子交联剂或其他聚合物的活性官能团发生反应，以此来制备化学交联的海藻酸钠水凝胶。化学交联海藻酸钠制备水凝胶的常见方法如图 4-3 所示。

静电液滴法制备微球的主要原理是将聚合物溶液置于高压电场中，使针头尖端的聚合物溶液在电场作用下携带大量电荷，如图 4-4 所示，液滴在重力及电场力的共同作用下克服溶液表面张力并形成微小带电液滴，以极高的速率喷入凝胶浴中，固化形成凝胶微球。此方法制备凝胶微球的优点在于：

(1)凝胶交联速率快,药物包封率高。

(2)制备工艺不涉及有机溶剂,绿色环保,且制备条件温和,常温下即能实现对药物分子的有效包封,对稳定性差的药物起到了有效的保护作用。

(3)制备的微球球形度好、粒径均一,且粒径大小可通过改变电场力强度或溶液黏度进行调控。

(4)聚合物液滴在电场力作用下会因携带大量电荷而相互排斥,在凝胶浴中具备高度稳定分散性。

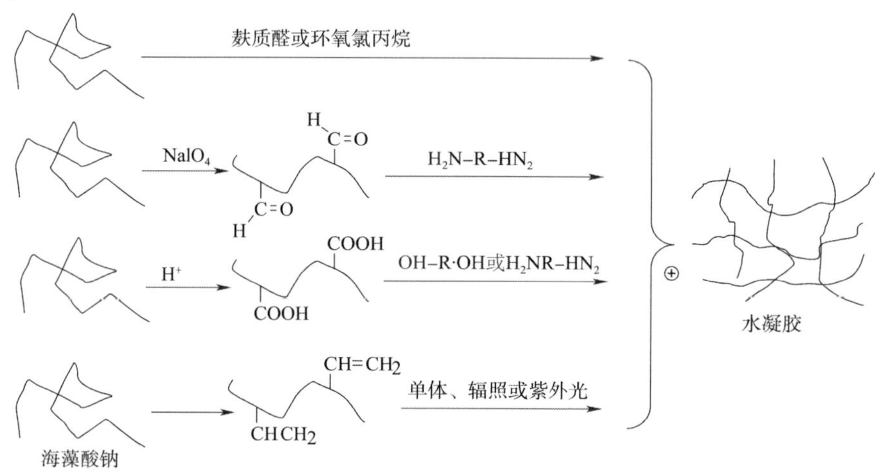

图 4-3　海藻酸钠水凝胶化学交联制备水凝胶示意图

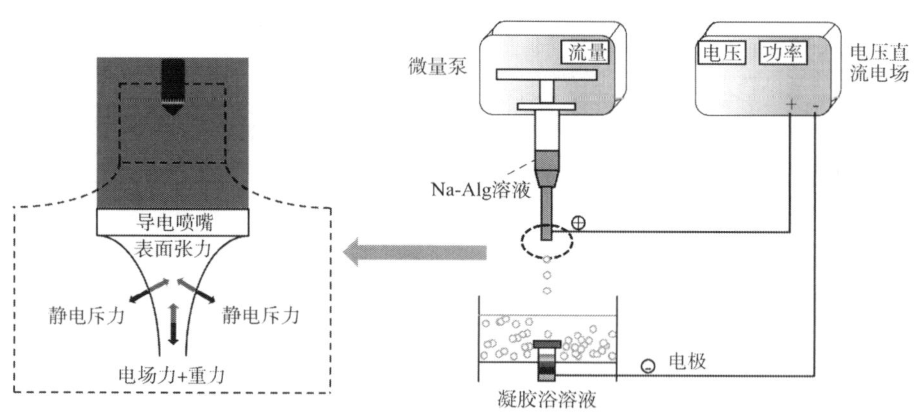

图 4-4　制备海藻酸盐的静电液滴装置图

4.1.2　聚乙烯醇

聚乙烯醇(poly vinyl alcohol,PVA)具有化学稳定性强、机械强度高、抗分解性能强、价格低廉的特点,还有一定的生物降特性。而海藻酸钠(sodium alginate,SA)具有浓缩溶液、形成凝胶和成膜的能力。以 PVA 和 SA 作为制备固定化载体的原料,通过化学交联法制备得到大孔凝胶型微生物靶向载体材料基质。

由于聚乙烯醇分子中含有大量的羟基和氢键,因此膜状 PVA 载体拥有高度亲水性和良好的热稳定性，是一种水溶性聚合物。近些年来，球状聚乙烯醇载体主要采用包埋法进行制备。聚乙烯醇水溶液中加入硼酸添加剂，则反应形成的凝胶为 MonodioL 型；若用硼砂作为添加剂，则反应形成的凝胶为 DidioL 型，其结构如图 4-5 所示。

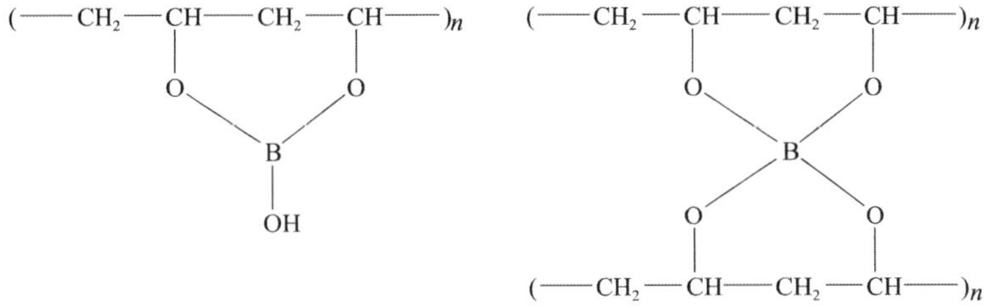

图 4-5　聚乙烯醇的 MonodioL 型和 DidioL 型

1）PVA 的化学交联

PVA 与硼酸添加剂发生反应，会生成单二醇型键，该固定化方法制备容易、成本低廉，制备得到的凝胶颗粒机械强度高、使用寿命长且弹性好。反应原理如图 4-6 所示。

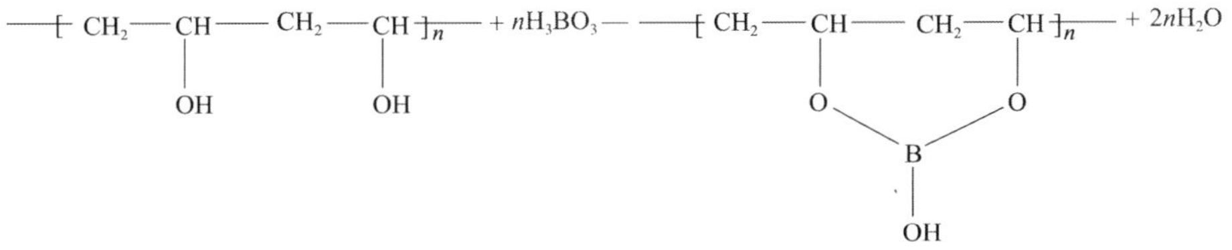

图 4-6　聚乙烯醇交联硼酸的反应原理

2）PVA 的物理交联

物理交联法主要是冷冻解冻法，会使载体具有含水率高、开孔率高的优点，比 PVA/硼酸交联法制备的载体效果更好。物理交联法中形成的氢键如图 4-7 所示。

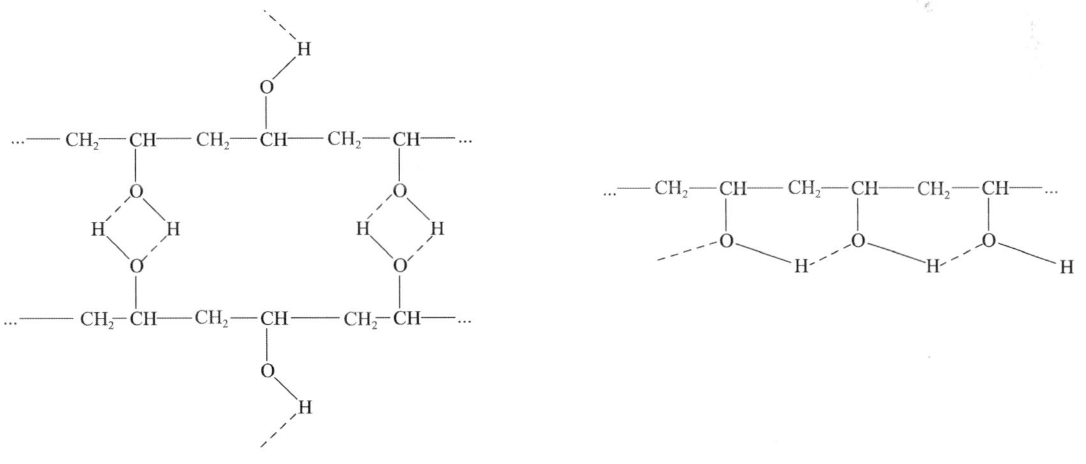

a)　　b)

图 4-7　物理交联法 PVA 分子中形成的氢键

a）分子间氢键；b）分子内氢键

PVA 作为载体基质存在传质阻力大、载体不稳定、吸附量少等缺点，需做进一步研究对其进行性能调控，改善方向如下。

（1）改善复合载体的机械强度。聚乙烯醇固定化载体在使用过程中极易破碎，需加入其他生物材料提高其机械强度。

(2)调节复合载体的密度。通过调节固定化载体的密度,改变细胞固定化载体的比重,达到在生化反应器中流态化性能良好的目标。

(3)调节复合载体的扩散传质性。在制备固定化载体时多添加一些多孔性材料,从而提高其传质性能。

(4)改善复合载体的亲水疏油性能,使其能够高效地降解石油。

4.1.3 海藻酸盐/聚乙烯醇靶向载体材料

以海藻酸钠/聚乙烯醇(SA/PVA)为基质制备水凝胶型微生物靶向载体材料的反应原理如图4-8所示。海藻酸钠与$CaCl_2$交联反应,得到海藻酸钙聚合物。以SA/PVA为基质制备凝胶载体不仅具有生物亲和性、可改性、可完全降解的优点,而且具有三维网络结构和间隙水相结合的特点。在水凝胶中固定化菌群比其他材料更有利于菌群与溢油快速结合,水和其他小分子由于具有良好的亲水性能迅速渗透到凝胶的内部结构,为菌群的快速生长繁殖提供条件。因此,利用可漂浮的大孔凝胶型微生物靶向载体材料吸附降解溢油污染是解决海洋油污染问题的一个有希望的替代办法。

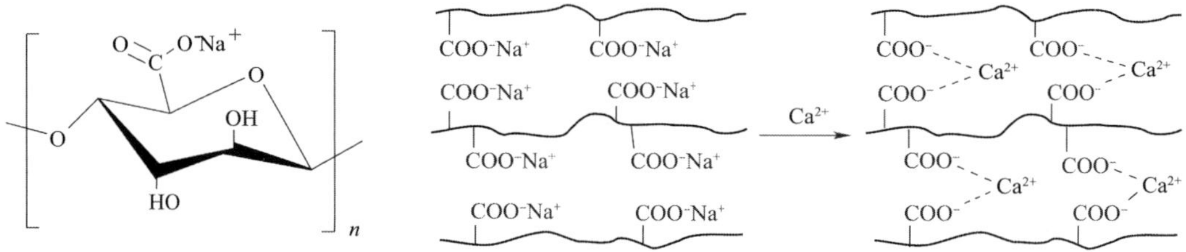

图4-8 以SA/PVA为基质制备固定化菌群载体的反应原理

4.2 大孔凝胶型微生物靶向载体材料的性能调控

4.2.1 大孔凝胶型微生物靶向载体材料的制备及其性质

以SA和PVA为原料制备载体材料,将SA与PVA按实验设计的配比投料。85℃恒温水浴加热,利用转子式搅拌器对混合物搅拌,向其中滴加硅烷基偶联剂。观察混合物有泡沫出现,停止加热,待温度下降至40℃时,与菌群培养液等体积混合,将混合液滴加到2%氯化钙饱和硼酸溶液中,在交联作用下形成小球。放入4℃冰箱中继续交联24h后,用生理盐水将载体清洗2~3次,于4℃冷藏保存备用。固定化载体的成球效果如图4-9所示。在载体制备过程中,PVA形成具有黏性的物质充当载体骨架,将SA黏附在一起形成网状结构。当PVA投加量变大时,材料整体机械性能变强,材料液体表面张力较小,使载体成球性较差,黏性增大,导致载体出现拖尾现象。载体的传质性能和菌群的生物量均与两种材料的比例有关。其原因

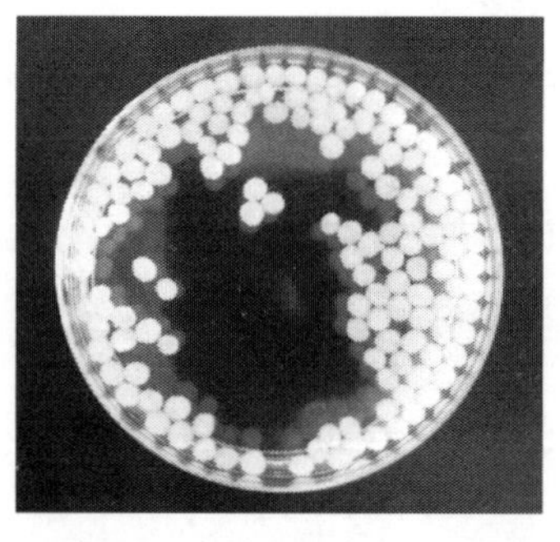

图4-9 固定化载体的成球效果

在于 PVA 所占比例越大,载体内部的网络结构越致密,内部空间越小,导致载体传质性较差,故菌群的生物量较少。

大孔凝胶型微生物靶向载体材料在海水中呈半透明状,漂浮在水面上。1min 后油滴聚集在载体附近;5min 后载体吸附了附近的油滴。在实际应用中,由于海水是流动的,载体在风浪流的推动下与浮油接触,有利于嗜油菌群降解油污染。

1)吸附性能

固定化载体材料的吸附容量 q_a(g/g)和保油能力 q_k(%)用于表征材料吸附性能,采用质量差值比的方法测量,计算方法见式(4-1)和式(4-2)。

$$q_a = \frac{m_2 - m_1}{m_1} \tag{4-1}$$

$$q_k = \frac{m_3 - m_1}{m_2 - m_1} \times 100\% \tag{4-2}$$

式中:m_1——样品吸附油品之前的质量,g;

m_2——样品浸没于溶液中吸附饱和,取出静置约 30s 后的质量,g;

m_3——继续静置 15min 再次称重的质量,g。

计算 PVA/SA 小球载体基于质量得到的最终饱和吸附容量 q_a 和保油能力 q_k,平行实验 3 次,取平均值。PVA/SA 小球载体疏水性较好,对原油、柴油均有较强的吸附能力,保油能力均在 80% 以上。在实际的应用中,溢油一般为多种油品构成的混合油,几种油品的吸附容量均大于载体自身重量的 4 倍以上,因此载体有利于生物吸附降解溢油。

2)疏水性

大孔凝胶型微生物靶向载体材料的疏水性以静态接触角表征,如图 4-10 所示。根据杨氏方程 $\cos\theta = \frac{\gamma^s - \gamma^{sl}}{\gamma^l}$ 可知,由接触角 θ 可以度量载体的疏水性。大孔凝胶型微生物靶向载体材料接触角 θ 平均值接近 150°,表现为疏水性。疏水性的载体在海上风浪流的推动下与弱极性浮油互相接触吸附,为载体内的菌群提供赖以生存的碳源,有利于提高生物降解效率。

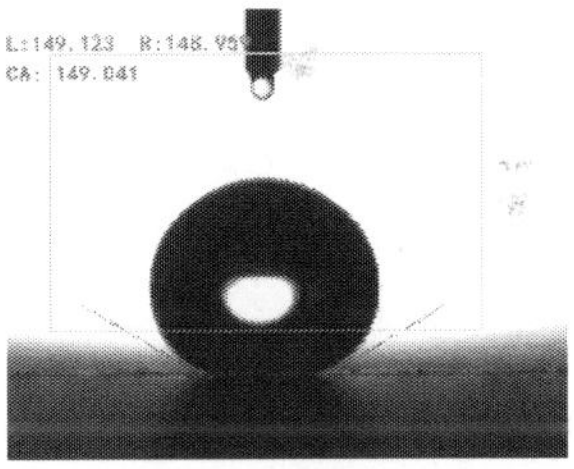

图 4-10 大孔凝胶型微生物靶向载体材料的静态接触角

3)密度和机械强度

载体的机械强度采用正面按压法测定。取大小和形状相近的 15 粒载体在电子天平上按压至破碎,用压力表示每个载体所能承受的机械强度:$F_i = \frac{M_i}{15}$,平行实验 3 次,取平均值。

取 50 粒大小和形状相近的载体,称量记录质量,使用排水法按照公式 $\rho = \frac{m}{v}$ 计算密度,平行实验 6 次,得到载体的平均密度,密度小于标准压强下水的密度,载体在水面具有良好的漂浮性能。

载体为菌群在海洋环境中提供有效的保护屏障,所以要求载体有良好的机械强度。载体的机械性能还与制成载体的 PVA 的总量有关,PVA 总量越大,载体机械性能越好。但问题也随之而来,随着 PVA 含量的提高,其比重增加,漂浮性变差。为了调控载体球的密度,使其可漂浮、可悬浮,需要降低 PVA 的含量,减少内部致密性,为菌群的生长繁殖预留空间,从而导致载体球的机械强度变小。

4)传质性能

传质过程是物质的传递过程。采用颜色浸润法来测试颗粒的传质性能。取制备的载体浸入有色染料中,定时切片测量染料渗透的距离,使用渗透率(%)表征传质性能,渗透率越高,说明载体的传质性能越好。渗透率的计算方法见式(4-3)。

$$渗透率=\frac{渗透距离}{载体半径}\times 100\% \tag{4-3}$$

大孔凝胶型微生物靶向载体材料的传质性能主要表征载体材料在菌群降解过程中污染物进入载体和降解产物排出载体的能力。PVA/SA 的传质性能与 PVA 的含量有关,随着 PVA 的投放总量减少,载体内部的网络结构空间变大,即孔隙率增大,菌含量相应增多,传质性能变好,但相应的载体机械强度会变差。菌群及分泌物在载体内部具有较好的流动性,有利于固定化菌群补充营养和溶解氧,及时排出代谢产物,从而有利于菌群的生长繁殖,提高降解效率。

4.2.2 接种量的影响

溢油降解菌的载体需要具有可漂浮、易降解、良好的生物相容性。以活性降解菌的数量为指标,比对测试 4 种常用的固定化方法如表 4-1 所示。交联法和共价结合法对制备条件要求较为严格,不利于实际生产,而且将菌群固定化后,会极大降低菌群的活性,不利于海洋环境中高效石油烃降解菌群的固定化。吸附法和包埋法较其他两种方式具有成本低、易制备,且固化后菌群活性保留能力较强的优点,因此实验多选用吸附法和包埋法固定化石油烃降解菌群。

4 种常见固定化菌群方式比较 表 4-1

序号	项目	制备难度	制备成本	活性保留	稳定性	接种 48h 生物量/(CFU/g)
1	吸附法	易	低	高	差	2.97×10^5
2	包埋法	较易	低	较高	强	3.12×10^6
3	交联法	较易	较高	较低	强	2.28×10^5
4	共价结合法	困难	高	较低	强	2.01×10^5

溢油降解速率受接种量(投菌量)的影响较大,接种量适当时,石油的降解率才能达到较高的水平。当接种量为 3%、4% 时,石油烃降解菌的生长繁殖周期较长,不能够分泌足够的代谢产物乳化降解溢油。当接种量由 3% 增加到 5% 时,降解菌对溢油的利用率随之增加并达到峰值。然而,当继续提高降解菌的接种量时,降解率反而呈下降趋势。其原因可能在于降解菌投放数量过大时,石油烃降解菌大量繁殖,增加了生物的密度,不利于新降解菌的生长。固定化菌群在 36h 稳定,随着培养时间的延长,生物量并没有显著增加,其原因在于带正电荷的生物膜和带负电荷的降解菌表面之间形成静电相互作用。

4.2.3 生物亲和性

扫描电子显微镜(SEM)图显示,石油烃降解菌分布于材料的孔隙之间,处于良好的生长状态，体现了材料具有良好的生物亲和性，如图 4-11 所示。载体内部呈现珊瑚状突起的大孔网状空间结构，不仅有利于载体的漂浮，也有利于捕捉油水界面的溶解氧，大孔三维网状结构能够降低油、水、气、固四相之间的表面张力，减小滚动角，从而增大表面的静态接触角，使载体呈现亲油性，有利于载体在风、浪、流的推动下与溢油接触。由于载体内部呈大孔结构，载体变成微型反应器，可保存大量的水，允许石油烃降解菌在聚合物基体中保活、生长、分化、繁殖，保护降解菌在周围环境中不受环境抑制因子和病毒的侵害，碳源仍能扩散到降解菌中，防止生物降解酶等细胞分泌物被海水冲刷流失，进而将溢油降解成小分子无机物、CO_2 和 H_2O。

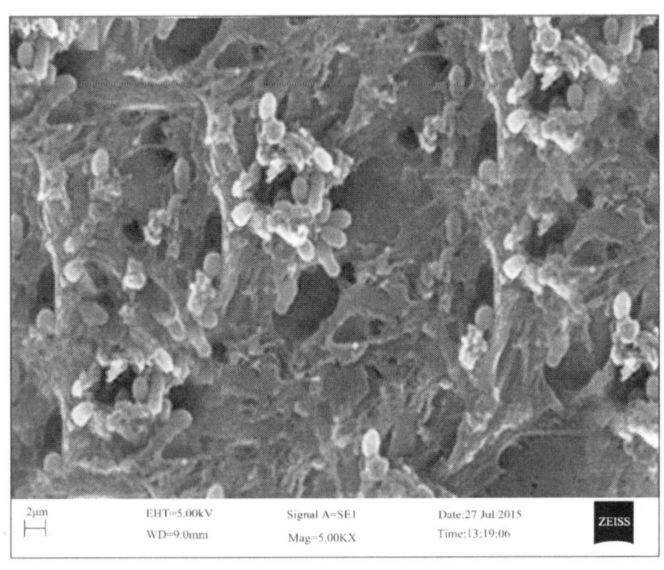

图 4-11　大孔凝胶型微生物靶向载体材料固定化菌群的 SEM 图

4.3 大孔凝胶型微生物靶向载体材料与游离态菌群的降解效果比较

在处理海上油污染过程中投放的游离态菌群难以适应现场的竞争环境，成活率低，致使治理过程耗时较长，这是生物修复技术的薄弱之处，固定化技术为菌群提供了良好的生存环境，菌群的成活率和降解率均有较大幅度的提高。

GC/MS 的全扫描分析结果如图 4-12 所示，样品中正构烷烃占 82.63%，环烷烃占 17.14%，多环芳烃占 0.23%。菌群中存在降解烷烃的优势降解菌，经过 24h，降解了 70.23% 以上的正构烷烃；经过 48h，降解了 82.16% 以上的正构烷烃。固定化菌群对原油降解 24h 的 GC/MS 分析如图 4-13 所示。

对固定化和游离态下嗜油菌群对石油的降解效果进行评价和比较。固定化菌群对含油污水的石油烃的降解能力远大于游离态菌群，结果如图 4-14 所示。结合现场实施时海面环境会受风、浪、流、温度等不确定因素影响，制备天然高分子固定化载体具有较强的实用价值。

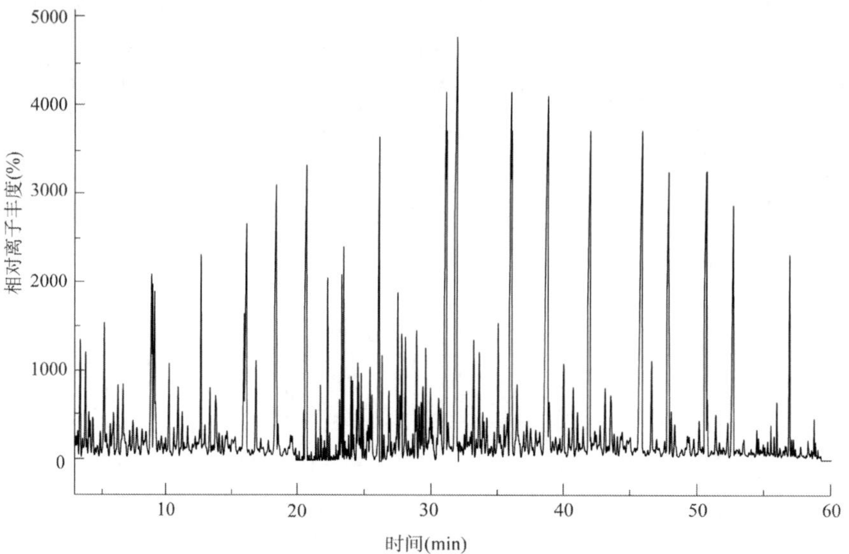

图 4-12 原油的全烃分析 GC/MS 总离子流色谱图

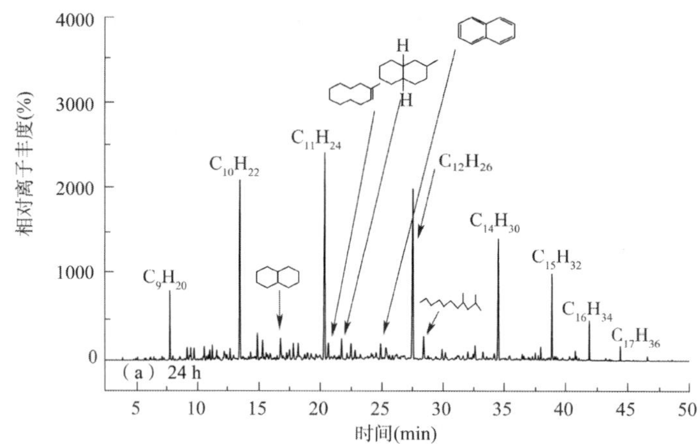

图 4-13 固定化菌群对原油降解 24h 的 GC/MS 色谱图

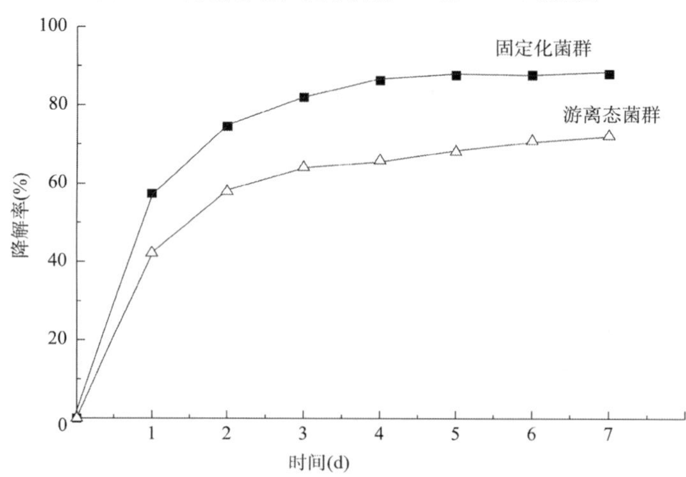

图 4-14 固定化和游离态菌群的原油降解率

5 聚乳酸载体靶向系统

5.1 聚乳酸微球微生物靶向载体材料的接枝聚合

5.1.1 聚乳酸

聚乳酸(polylactic acid,PLA)也称为聚丙交酯,属于聚酯家族,是20世纪90年代迅速发展起来的新型的可降解高分子材料。聚乳酸的性能可在大范围内通过与其他单体共聚得到调节,已成为当前生物医学领域中最受重视的材料之一。聚乳酸的结构式如图5-1所示,单个的乳酸分子中有一个羟基和一个羧基,多个乳酸分子在一起,—OH与别的分子的—COOH脱水缩合,—COOH与别的分子的—OH脱水缩合,形成了聚合物。聚乳酸微球作为缓控释给药体系,可以控制制剂微粒的大小、延长药物释放时间、降低药物毒副作用等,具有十分广泛的应用前景。然而聚乳酸微球也存在一些缺点,如制备所得的微球其载药量和药物包封率较低,药物释放初期会出现药物的突释等问题。

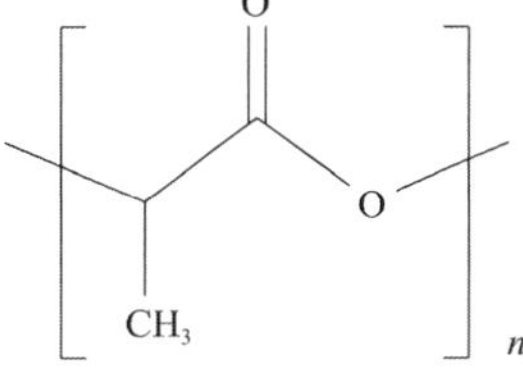

图5-1 聚乳酸的结构式

5.1.2 聚乳酸微球靶向载体的接枝聚合

聚乳酸表面接枝改性非极性亲脂基团(如烃基—C_nH_{2n+1}、—CH ═ CH_2、—C_6H_5,卤原子—X,硝基—NO_2),经过接枝聚合反应得到脂肪族聚酯型靶向微球(RMPLA)。脂肪族聚酯型靶向微球内层为极性基团,外层表面为非极性亲脂基团。大孔的结构使亲水内核能够透过孔隙与外界接触,疏水的壳层对乳化油具有吸附性能,从而体现材料的双亲特性。脂肪族聚酯型微生物靶向载体材料具有靶向性,油粒子之间通过接枝的基团相互吸引。使用脂肪族聚酯型靶向微球作为菌群传递系统,在分子耦合作用下,具有靶向性、缓释性、生物亲和性的特点,运送菌群至分散的油污或悬浮油粒子处,达到吸附降解浮油的目的。

脂肪族聚酯型靶向微球接枝改性时,基团之间发生取代反应、水解反应和缩聚反应。使用硅烷基偶联剂接枝改性得到聚合反应所需的活性基团,硅烷基偶联剂的作用主要是将烃基与脂肪族聚酯型靶向微球表面的羟基(—OH)发生化学反应,引发烷基交联聚合,接枝活性基团的原理反应式如图5-2所示。

$CH_3S_iCl_3$ 与空气中的水发生水解反应的过程如图5-3所示。在室温条件下,微球表层的 CH_3SiCl_3 与空气中的水发生水解反应,CH_3SiCl_3 中的第一个氯原子易被取代,快速生成

$CH_3SiCl_2(OC_2H_5)$。而对 $CH_3SiCl_2(OC_2H_5)$ 的进一步取代反应，则需要一定的温度，取代过程是吸热反应。空气中的水能与生成的 $CH_3SiCl_2(OC_2H_5)_3$ 发生水解、缩聚反应，产生网状结构的聚甲基硅氧烷。

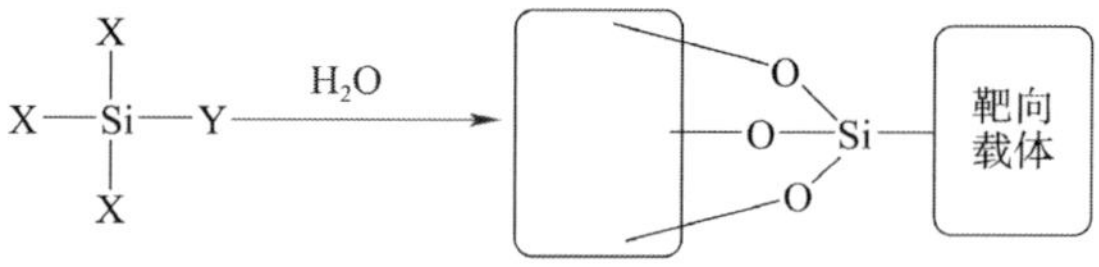

图 5-2　硅烷基偶联剂的作用原理

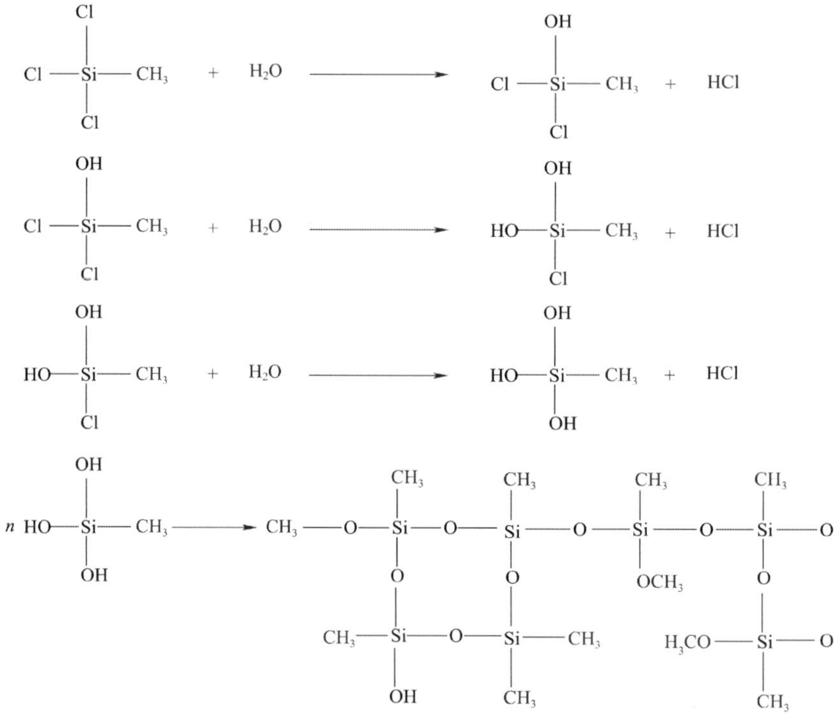

图 5-3　CH_3SiCl_3 与空气中的水发生水解反应

产物 $CH_3SiCl_2(OC_2H_5)_3$ 与 CH_3SiCl_3 发生缩合反应生成 C_2H_5Cl，水解生成白色粒状固体，水解反应中氯原子逐步被取代，甲基三氯硅烷经水解先得到甲基硅醇，进而得到亲水基团暴露的甲基三羟基硅烷，反应式如图 5-4 所示。

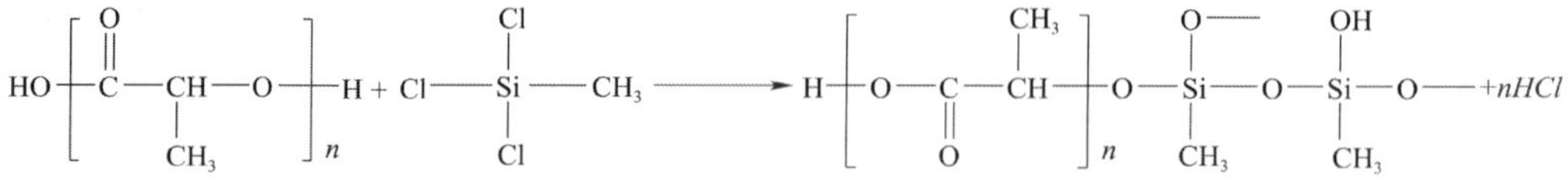

图 5-4　$CH_3SiCl_2(OC_2H_5)_3$ 与 CH_3SiCl_3 发生缩合反应

甲基三羟基硅烷相互之间也发生缩聚反应，互相交联，生成以 Si—O—Si 键为主链，硅原子（—Si）上连接甲基（$—CH_3$）、乙基（$—C_2H_5$）等有机基团的交联无机高聚物聚硅氧烷，其通式为 $[R_nSiO_{4-n/2}]_m$，反应式如图 5-5 所示。

三甲氧基硅烷与微球载体表面的羟基发生缩合反应，三甲氧基硅烷试剂含有活泼的硅烷基与固定化载体丰富的羟基结合并脱离一个水分子，在大孔微球外表面生成富含疏水基团（甲基）的聚硅氧烷，得到脂肪族聚酯型靶向微球，反应式如图 5-6 所示。

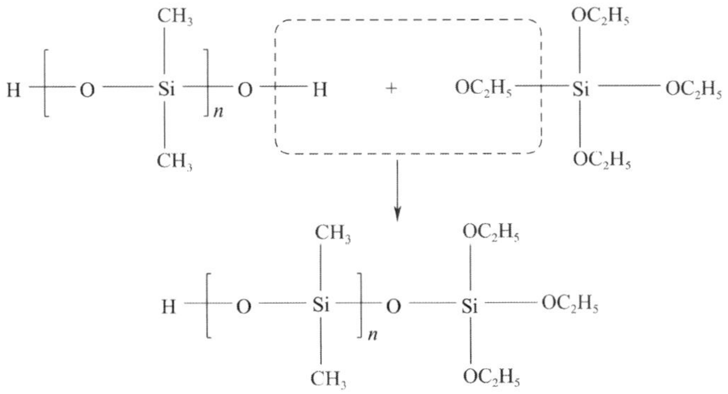

$$\mathrm{H}\left[\mathrm{O}-\underset{\mathrm{CH_3}}{\overset{\mathrm{CH_3}}{\mathrm{Si}}}\right]_n\mathrm{O}-\mathrm{H} + \mathrm{OC_2H_5}-\underset{\mathrm{OC_2H_5}}{\overset{\mathrm{OC_2H_5}}{\mathrm{Si}}}-\mathrm{OC_2H_5} \longrightarrow \mathrm{H}\left[\mathrm{O}-\underset{\mathrm{CH_3}}{\overset{\mathrm{CH_3}}{\mathrm{Si}}}\right]_n\mathrm{O}-\underset{\mathrm{OC_2H_5}}{\overset{\mathrm{OC_2H_5}}{\mathrm{Si}}}-\mathrm{OC_2H_5}$$

图 5-5 聚硅氧烷合成方程式

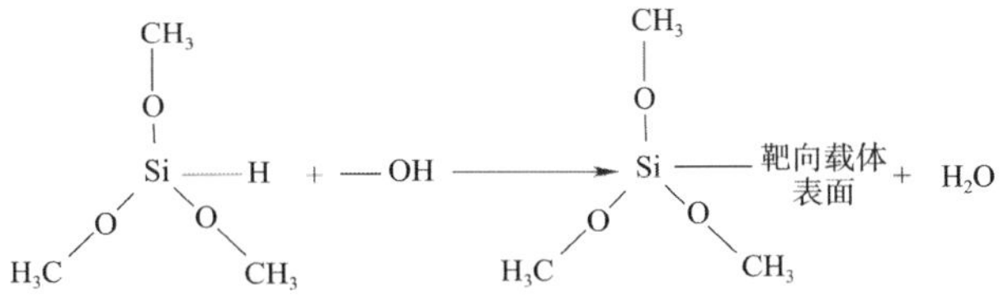

$$\mathrm{(H_3C-O)_2}\overset{\mathrm{O-CH_3}}{\mathrm{Si}}-\mathrm{H} + -\mathrm{OH} \longrightarrow \mathrm{(H_3C-O)_2}\overset{\mathrm{O-CH_3}}{\mathrm{Si}}-\text{靶向载体表面} + \mathrm{H_2O}$$

图 5-6 三甲氧基硅烷与 MPLA 的羟基接枝反应原理

通过分子设计,表面接枝改性处理,脂肪族聚酯型靶向微球内层为极性基团,外层表面为非极性亲脂基团。在分子耦合作用下,接枝亲酯基团的脂肪族聚酯型微生物靶向载体材料作为靶向性弹头,吸附乳化油,表现出比未接枝的微球更高的识别与选择结合能力,体现出靶向吸附性。

5.1.3 脂肪族聚酯型靶向载体的降解油污性能

脂肪族聚酯型微生物靶向载体材料的静态接触角测试结果如图 5-7 所示。脂肪族聚酯型微生物靶向载体材料接触角 θ 接近 150°,具有良好的疏水性,有利于固定化菌群吸附油污。

SEM 观察载体的形貌如图 5-8 所示,脂肪族聚酯型微生物靶向载体材料固定化菌群的内部呈现疏构多孔结构,PLA 经过聚集形成有黏性的片状层充当大孔骨架,菌群的分泌物产物黏性物质互相黏附在一起形成网状结构,片层结构的骨架起到支撑作用。载体的孔洞结构明显,有利于菌群在内部保活、生长繁殖。骨架的孔隙大小可以通过致孔剂的成分和使用量调控。

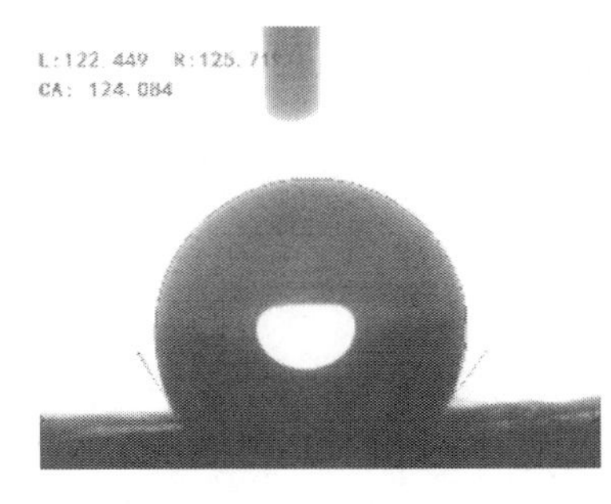

图 5-7 脂肪族聚酯型微生物靶向载体材料的静态接触角

图 5-8 脂肪族聚酯型微生物靶向载体材料固定化菌群的 SEM 图

5.2 聚乳酸-羟基乙酸共聚物

聚乳酸-羟基乙酸共聚物(PLGA)是由乳酸与羟基乙酸单体聚合而成的可降解的高分子有机化合物。PLGA 可生物降解,应用形式有薄膜、多孔支架、微球及纳米粒等。PLGA 的降解产物为 CO_2、H_2O 和羟基乙酸,无毒害作用,对环境无二次污染。在治理污染方面,可通过对其表面进行改性和修饰,从而缓释、调控释放生物活性物质。

聚合物中乳酸和羟基乙酸的摩尔比、聚合物分子质量的大小以及结晶度和玻璃转换温度等会影响 PLGA 的降解速率。因此,可通过调控上述参数改变 PLGA 的降解时间以达到控释和缓释的目的。PLGA 无毒且拥有良好的生物相容性和降解性,鉴于其环境友好,无毒无害,可应用于环境污染的清除。

5.2.1 聚乳酸-羟基乙酸聚合物纳米粒的制备

制备聚乳酸-羟基乙酸聚合物纳米粒一般分为两步,第一步是乳化,第二步是纳米粒具体的形成过程,而大部分纳米粒的制备方法都是根据第二步的细则命名。制备方法主要包括复乳溶剂挥发法、喷雾干燥法、纳米粒沉淀法、相分离法、透析法等。其中,复乳溶剂挥发法最为常用,它包含 W/O/W、O/W/O、W/O、O/W 等乳化体系,这些体系各有其优缺点,如 W/O/W 方法多用于封装水溶性物质,如蛋白质、疫苗和多肽;O/W 方法则适合脂溶性物质,如类固醇。喷雾干燥法一般适用于包载脂溶性药物,水溶性药物需要先制备成 W/O 型乳浊液才能通过该方法制备成固化纳米粒。该方法制备快速、处理量大、制备的纳米粒粒径统一,适用于工业大规模生产。纳米粒沉淀法的制备过程中不需要使用有机溶剂,但该方法存在的弊端是载药量和包封率较低。

5.2.2 聚乳酸-羟基乙酸聚合物纳米粒的表征

粒径和粒径分布是纳米粒最重要的表征参数,聚乳酸-羟基乙酸共聚物纳米载药体的大小也密切影响其释放时间、生物分布以及代谢动力学。测定聚乳酸-羟基乙酸聚合物纳米粒的表征包括借助 TEM、SEM 观察纳米粒的形态结构,用激光粒度分析仪测定纳米粒的粒径、粒径分布及表面 Zeta 电势。

5.2.3 聚乳酸-羟基乙酸聚合物纳米粒的靶向作用

近年来,纳米粒已经成为生物学及医学领域应用前景十分广阔的新型材料,聚乳酸-羟基乙酸聚合物纳米粒可作为优良载体来递送生物分子、药物、基因和疫苗等到体内的目标部位。

5.3 聚乳酸-聚乙二醇胶束智能靶向载体材料

聚合物胶束作为靶向载体具有很好的应用前景,疏水性内核可以包封脂溶性物质,载运量大,具有控释作用;亲水的外壳为胶束的进一步修饰(如连接靶向配基)提供了合适的活性基团,有可能实现智能靶向。胶束的亲水外壳具有可修饰的活性基团,能引入温敏基团、pH敏感基团、受体、配基等具有智能靶向的基团。根据相似相容原理,胶束疏水核与药物的化学结构越相似,则增溶效果越好。

5.3.1 胶束的形成

胶束的形成过程在胶束萃取技术中起到关键的作用。表面活性剂一端是非极性的碳氢链(烃基),与水的亲和力极小,常称疏水基;另一端是极性基团(如—OH、—COOH、—NH_2、—SO_3H 等),与水有很大的亲和力,故称亲水基,总称“双亲分子”(亲油亲水分子)。表面活性剂分子的亲油基团之间因疏水性存在显著吸引作用,易于相互靠拢、缔合,逃离水的包围,当表面活性剂在溶液表面的吸附达到饱和后,它们便组成稳定胶束。胶束的形成实际上是表面活性剂分子为了缓和水和疏水基之间的排斥力而采取的一种稳定化方式,根本原因在于活性剂分子的双亲结构。胶束由内核和外壳两部分组成,对于离子型表面活性剂,外壳外侧有扩散双电层,非离子胶束则没有。在表面活性剂的溶液中,胶束与离子或分子处于平衡态,充当仓库的作用,在其被消耗时释放出单个分子或离子。另一方面,胶束自身能产生乳化、分散及增溶等作用,因此表面活性剂一般在一定浓度以上即形成胶束时使用。

具有表面活性的分子在水中达到一定浓度时,由于水分子与其疏水基团存在强烈的排斥力,致使表面活性分子的疏水基团依靠疏水基团间的引力而聚集在一起,形成疏水基团向内、亲水基团向外且在水中能够稳定分散的缔合胶束。

5.3.2 临界胶束浓度

表面活性剂分子在溶剂中缔合形成胶束的最低浓度即为临界胶束浓度(CMC)。1925年,McBain 首次提出胶束的概念,认为当浓度升至一定值时,肥皂分子在水溶液中从单体缔合为“胶态聚集态”,并称之为“胶束”或“胶团”。所形成的这些胶束是热力学稳定的,从而将形成胶束时的浓度称为临界胶束浓度。含有表面活性剂溶液体相中一旦形成了胶束或胶团,溶液体相的一系列性质会发生改变,例如摩尔电导率、表(界)面张力、去污力、渗透压以及增溶、吸附量等突变,这是因为溶液体相中出现了表面活性剂聚集态,这些性质的变异通常都发生于一个窄浓度范围,而将这个窄浓度范围定义为 CMC,获取的方法就是将 CMC 两侧溶液性质连续变化的曲线延长至相交,交点所对应的浓度为 CMC。

CTAB 的 CMC 在室温下使用电导法测量,如图 5-9 所示,当 CTAB 的浓度增加到 1.05mmol/L 时,CTAB 中相反的表面电荷与纳米材料发生相互作用,此时,在纳米材料的表面上形成初始胶束,胶束疏水部分的尾部暴露于水溶液中。用 CTAB 胶束改性后的 Fe_3O_4 MNG 表面具有疏水性,有利于弱极性有机物的吸附。由于 Fe_3O_4 MNG 具有较大的比表面积,且存在大量的活性羟基,经过 CTAB 胶束改性后吸附 PAHs 的性能得到提高。

5.3.3 微生物与聚合物胶束的结合机制

胶束的大小与无机盐和有机添加剂有关,一般用胶束聚集数来衡量。根据药物的疏水性质,微生物与聚合物胶束的可能结合模式如图 5-10 所示,完全亲水的药物分子只能在胶束外部被吸附(机制 1),而完全疏水的药物分子则只能深入胶束的核心部位方可被吸附(机制5),介于疏水与亲水性之间的药物分子则可部分插入疏水核中被吸附。

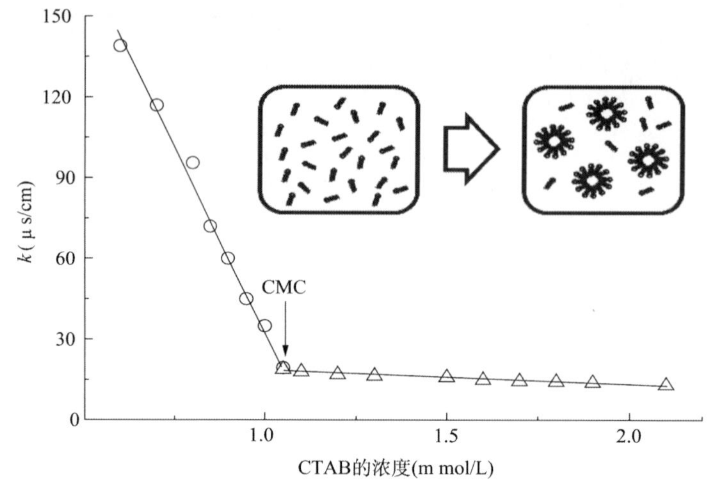

图5-9　CTAB溶液的临界胶束浓度

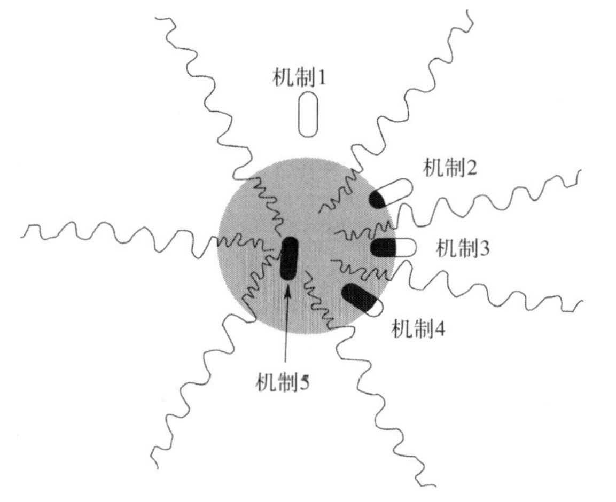

图5-10　药物与聚合物胶束的5种可能结合机制(黑色代表疏水区域,白色为亲水区域)

5.3.4　聚合物胶束的制备与释放

聚合物胶束的制备方法主要有化学结合法、物理包埋法和静电作用法等。三种方法制备的载药胶束各有特色。胶束结合药物的共价键断开,然后生物活性物质从胶束扩散释药。如阿霉素通过共价结合形成的胶束仅在酸性条件下释药,并体现缓释特点。物理包埋法制备的载药胶束是通过扩散作用释药。因药物与疏水核的相容性、氢键作用力及载药量等因素,胶束释药更快。聚乳酸(PLA)微球作为缓控释给药体系,能够控制药物释放,促使药物通过生物屏障,提高药物的生物利用度,且对改善多肽及蛋白质类药物的临床应用也具有显著优势,具有十分广阔的应用前景。制备PLGA纳米粒和PLA微球,微球中活性成分分布情况如图5-11所示。若PLGA含量小于PLA含量,表示为A型微球,则非载药层包裹载药层;反之,如B型微球所示,为载药层包裹非载药层。微球平均粒径为30 μm,并具有非常高的药物包封率,两种微球的包封率均能达到85%以上,且A型微球比B型微球高10%～20%。

其原因在于乳化和挥发过程中药物因泄入水相而被有效抑制,从而阻止了药物在微球表面的分布。

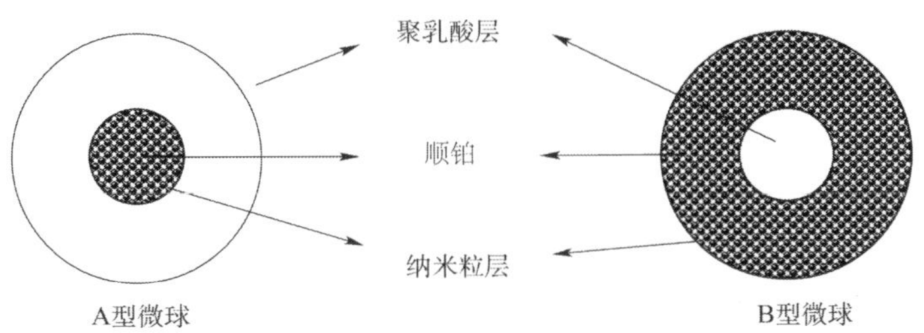

图 5-11 A 型和 B 型微球的药物分布

微球的药物释放(图 5-12)包括 4 个过程:

(1)在微球表面快速释放药物。

(2)非载药层的微孔是通过水合作用和侵蚀作用形成的。

(3)载药层降解。

(4)药物通过微孔扩散。

明胶膜包裹的微球还能控制药物的释放速率,可能是在 PEG 和凝胶分子之间形成了氢键。聚合物胶束作为药物载体具有其独特的优势。随着对药物微球的稳定性、药物的释放与包封率,以及多肽及蛋白微球的制备、储存和降解过程对蛋白结构完整性的影响等研究的不断深入,PLA 载药微球将成为人类征服环境污染的又一有力的高分子武器。

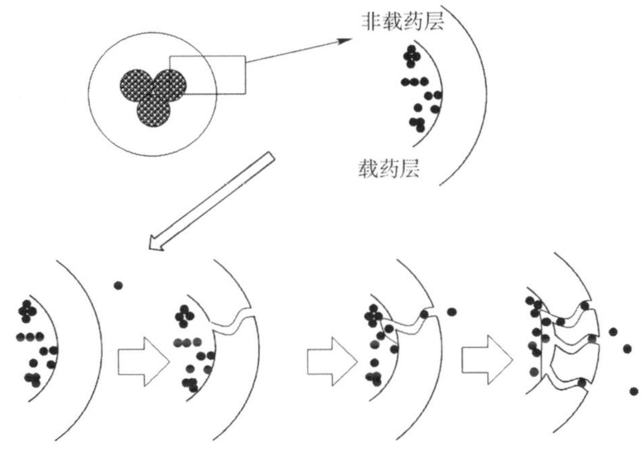

图 5-12 A 型微球的药物释放机制

6 磁性微生物靶向材料

生物法处理含油污水,其核心在于筛选高效、稳定的石油烃降解菌。大多数酶是蛋白质,其活性易受温度、pH 等因素影响,且底物与产物的混合物不利于回收,难以实现产物的分离纯化和连续化生产。近几年,新型载体和技术有交联酶聚集体、"点击"化学技术、多孔支持物和以纳米粒子为基础的酶的固定化等。纳米粒子作为酶固定化的新型载体,具有生物相容性良好、比表面积大、颗粒直径小、较小的扩散限制、较高的载酶量及在溶液中稳定存在等优点,颗粒还具有超顺磁性,在外加磁场下具有靶向性。

6.1 磁性纳米粒子固定化酶技术

酶是催化化学反应的蛋白质,称为生物催化剂,是最有用的绿色替代工具之一。酶分为氧化还原酶、转移酶、水解酶、裂解酶、异构酶和连接酶等。现在有超过 4000 种酶应用于生物技术。50% 以上的酶由真菌产生,30% 来源于细菌,8% 来源于动物,4% 来源于植物。与传统的有机和无机催化剂相比,酶是大而脆弱的分子,具有优良的特性,如无毒、反应条件温和、易于从受污染的水中去除、环境相容性好。

磁性纳米粒子不仅具备表面效应、小尺寸效应、量子尺寸效应和宏观量子隧道效应 4 个普通纳米粒子效应,还具有特殊的磁学性质,如超顺磁性、高矫顽力、低居里温度与高磁化率等。磁性纳米粒子具有良好的生理安全性,多用于生物医药领域。

磁性纳米粒子的制备方法以共沉淀法为主。利用高温分解法制备的磁性纳米粒子表面光滑,结晶度高,粒径小且粒径可控,粒径分布均匀。沉淀氧化法具有反应物丰富、颗粒粒径均一、高纯度、粒径小、过程易控制等优点。磁性纳米粒子的缺陷在于,粒径小、比表面积大、表面能高,为不稳定体系,易发生团聚,所以,需要对磁性纳米粒子表面进行功能化,降低其表面能,改善磁性纳米粒子的分散性及稳定性,同时使磁性纳米粒子的磁响应强度、表面活性和生物相容性等特性得到改善和提高。

油酸常用于修饰 Fe_3O_4,通过高温热解法得到油酸稳定的磁性纳米粒子,以高碘酸钠为氧化剂,氧化其表面的油酸,制备得到单分散羧基化 Fe_3O_4 磁性纳米粒子。采用改进的溶剂热法,以柠檬酸钠为稳定剂,制备出羧基功能化的 Fe_3O_4 磁性粒子,该粒子具有超顺磁性和高饱和磁化强度,磁响应性良好,可应用于磁性粒子偶联或复合。硅烷化偶联剂既有与磁性纳米粒子结合的 Si—OH,又含有—NH_2、—COOH、—SH、—CHO 等能与生物分子结合的官能团。常应用于磁性纳米粒子表面修饰的硅烷化偶联剂有 3-氨丙基三乙氧基硅烷(APTES)和 3-巯丙基三乙氧基硅烷(MPTES)。通过 APTES 化学包裹得到有机硅表面修饰的 Fe_3O_4 磁性粒子呈球形,粒径约 17nm,APTES-MNPs 对刚果红染料的吸附符合 Langmuir 等温吸附模型,粒子吸附性能好、易回收。

天然生物大分子赋予复合材料新的生物活性。采用高锰酸钾为氧化剂氧化油酸包被的 Fe_3O_4 磁性粒子，制得表面包被有壬二酸的新型羧基磁性纳米粒子，该粒子表面羧基含量高且在水中具有良好的分散性，其水解后带负电荷，可与蛋白质表面带正电荷的氨基发生静电相互作用。用于 Fe_3O_4 磁性纳米粒子表面修饰的无机材料主要是 SiO_2，制备 SiO_2 修饰的磁性纳米粒子的方法主要有：溶胶凝胶法、气溶胶高温分解法和反相微乳法。我国研究人员采用溶胶凝胶法制备 Fe_3O_4/SiO_2 核壳结构复合纳米粒子，并对不同 Fe_3O_4 制备方法（共沉淀法、还原沉淀法和水热法）对应的 Fe_3O_4/SiO_2 复合纳米粒子进行性能比较。

通过共聚合表面修饰可将—NH_2、—COOH、—OH、—CHO 等多种功能基团赋予磁性纳米粒子表面，实现其功能化，使其具有强的磁响应性能、高比表面活性和良好的生物相容性。磁性纳米粒子已广泛应用于生物化学领域，如天然产物中生物活性物质的分离，有害化合物的降解等。将酶固定于磁性纳米粒子可提高其稳定性。

采用硅酸四乙酯（TEOS）、3-氨丙基三甲氧基硅烷（APTMS）作为硅烷偶联剂，以共沉淀法制得 Fe_3O_4 磁性纳米粒子，该粒子可很好地与脂肪酶共价结合，脂肪酶固定化酶（LMNPs）稳定性及活性较游离酶有明显提高。磁性粒子表面的戊二醛与脂肪酶发生相互作用，实现脂肪酶的固定化。这为脂肪酶的固定化提供了技术支持，同时实现了脂肪酶抑制剂的快速筛选分离。

磁交联酶聚集体技术与其他酶固定方法相比较，不需要结晶、无须高纯度的酶。该方法可用于大多数酶或蛋白交联酶（蛋白）聚集体的制备，操作简便，应用范围广；获得的固定化酶活性高、稳定性好；无载体、单位体积活性大、空间效率高。氨基功能化的磁性纳米粒子加入酶溶液，将磁性粒子与酶液混合液进行沉淀、交联，制备磁交联酶聚集体（MCLEAs）。

漆酶来源丰富，广泛分布于植物、菌类和微生物中，可氧化分解大部分有机污染物，如多环芳烃、多氯联苯、芳氨及其衍生物、染料、色素等。由于漆酶氧化分解有机物所需条件温和，最终反应产物为水，在环境保护、造纸业、生物传感器等领域得到广泛研究。然而，游离漆酶稳定性差，且重复利用率低，限制了其在工业中的应用。为了克服游离漆酶的缺点，实现漆酶的工业化应用，漆酶固定化技术研究尤为重要，磁性纳米粒子作为近年来酶固定化材料之一，成为漆酶固定化研究的热点。例如，使用化学交联法将漆酶固定在磁性石墨烯载体上，固定后漆酶的耐酸性、耐热性和稳定性有显著提高。固定化漆酶对双酚 A 具有良好的分解能力，酶活性、酶稳定性、酶利用率都明显提高，且对酸的适应能力、热稳定性、储存稳定性等都有提高，有希望实现漆酶的工业化。

6.2 磁性靶向载体清除油污染

船舶混合溢油包括机舱含污油水、油船的洗舱水、油船的压载水等。海上船舶油污水通常由油污接驳船与油轮、油气船接洽收集，转移至陆地后集中回收原油和处理油污。虽然部分原油被回收，但船舶油污水中残留的石油烃浓度依然远远超过排放标准，这些残留在高盐度船舶油污水中的石油烃，正是各船舶石油污水处理企业亟待解决的难题。与物理或化学的原位处理相比，采用生物法处理海洋石油污水具有明显的优势，其降解溢油污染物彻底，且不会造成二次污染。生物法处理石油污水的核心在于筛选分离高效、稳定的石油烃降解菌，这是成功处理油船洗舱水的基础和关键。

将固定化技术与磁分离技术巧妙结合处理船舶机舱产生的乳化油废水，是当今生物工程领域中一个十分活跃的研究方向。其原理是将固定化菌群的磁性材料放入磁场稳定的反应器，利用磁性材料自身具有磁场以及能够高效分离的特点，克服目前污水处理行业中无法实现污染物高效分离的缺陷。在污水的处理研究中，要求磁性材料具有疏松多孔、生物亲和性强、可漂浮、易流化的特点，磁性材料的制备是生物处理技术应用于含油水处理的关键。使用分散聚合法制备磁性胶体磁核，通过控制条件合成核壳结构的多孔材料，固定化菌群在磁性材料上，制成乳化油废水处理剂，用于降解乳化油废水。

乳化油废水是石油开采、机械加工、金属维修等排放的一种较难处理的含油废水。乳化油的粒径通常小于10μm，大部分为0.1～2μm，在动力学上具有较强的稳定性，通常较难处理。其成分不仅包括乳化油，还有大量表面活性剂、烷烃、芳烃、酚、酮、酯、酸、卤代烃及含氮化合物等。目前使用的乳化油废水除油方法主要有破乳、离心、重力沉降、浮选、电解、吸附、絮凝、膜分离法等，这些工艺在实际应用中除油效果较好，一般出水中油的含量为几十毫克每升，但COD仍高达几百甚至几千，不能满足排放标准的要求，通常还需进行二次处理。因此，研究新型、快速、高效的乳化油水处理方法显得尤为重要。固定化与磁分离技术应用于乳化油处理，有利于提高生物反应器内菌群的增殖、反应后的固液分离。

磁性高分子粒子是近年来迅速发展起来的一种新型高分子材料，它不仅具备高分子材料的优良性质，还具有良好的磁响应性，在固定化、药物传送、分析化学、分离纯化等领域应用广泛。

6.2.1 磁性微生物靶向载体材料的吸附性能

在装满水的培养皿中滴加一滴重油，利用重油在水中分散较慢的特点，投入制备的材料，观察材料与油滴之间的相互作用。如图6-1a）～d）所示，当材料从侧方靠近重油时，大孔磁性微生物靶向载体材料表现出明显的吸油性；如果磁性微生物靶向载体材料垂直落入油滴，则会迅速吸附油滴，稍加外力震荡即迅速将油滴完全包覆。图6-1e）和f）所示分别为先投入大孔磁性微生物靶向载体材料和先滴入油滴进行的测试，可观察到无论投入顺序先后，当材料和油滴接触时，大孔磁性微生物靶向载体材料迅速被油滴包覆，由此初步判定载体具有较好的亲油性。

a)

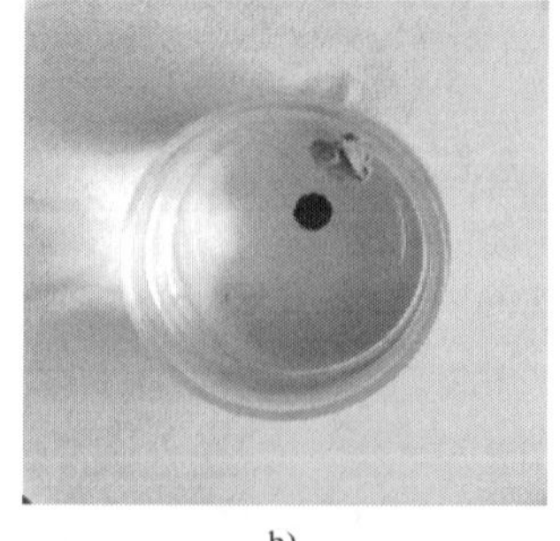
b)

c)

图 6-1

d)

e)

f)

图 6-1 大孔磁性微生物靶向载体材料的亲油性能测试

计算微生物靶向载体材料样品的最终饱和吸附容量 q_a(g/g)和保油能力 q_k(%),平行实验 3 次,取平均值。结果表明,大孔磁性微生物靶向载体材料对 3 种油(重油、原油和柴油)的吸附能力差异较大,这说明油的品种与吸附能力有相关性。载体对 3 种油品的吸附容量均在 8 倍以上,适于固定化菌群吸附降解油污。

6.2.2 磁性微生物靶向载体材料的静态接触角

测试大孔磁性微生物靶向载体材料的疏水性,静态接触角测试结果如图 6-2 所示。当接触角 θ 小于 90°时,液滴被拉开,沿材料表面展开,材料表面被润湿,表现为亲水。磁性微生物靶向载体材料接触角平均值为 122.117°,介于 90°和 150°之间,接近 150°。大孔磁性微生物靶向载体材料表现为良好的疏水性,适合作为固定化菌群材料。可漂浮疏水性的特性一方面保证了其对石油的吸附性能,可以为菌群提供赖以生存的碳源,另一方面也保证载体可以为菌群的生长留存所必需水分和营养。

图 6-2 大孔磁性微生物靶向载体材料的静态接触角

6.2.3 X 射线衍射

大孔磁性微生物靶向载体材料的 X 射线衍射图,如图 6-3 所示。XRD 谱图中衍射峰尖锐且不存在其他杂峰,因此可以确定实验所制得的磁性材料含有 Fe_3O_4组成。计算可得样品的平均粒径 D 约为 50nm。

6.2.4 微生物靶向载体材料的磁性

在室温 300K 时,大孔磁性微生物靶向载体材料的室温磁滞回线如图 6-4 所示,磁性粒子矫顽力为 0,呈现出典型的超顺磁性。图 6-4 中大孔磁性微生物靶向载体材料的比饱和磁化强度为 3.95emu/g,证明大孔磁性微生物靶向载体材料具有较强的磁响应性,这一特性有利于固定化菌群载体使用后的回收及重复利用。

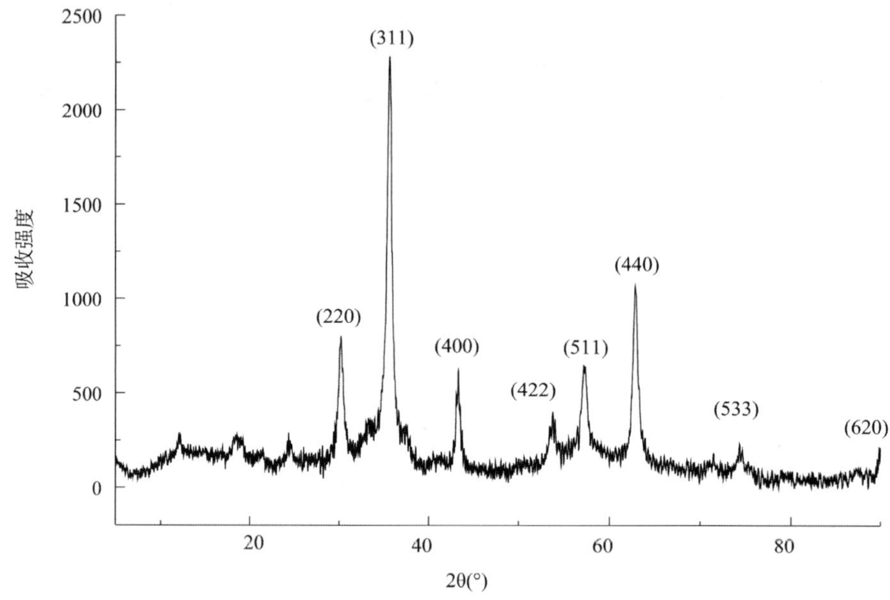

图 6-3 磁性微生物靶向载体材料的 XRD 谱图

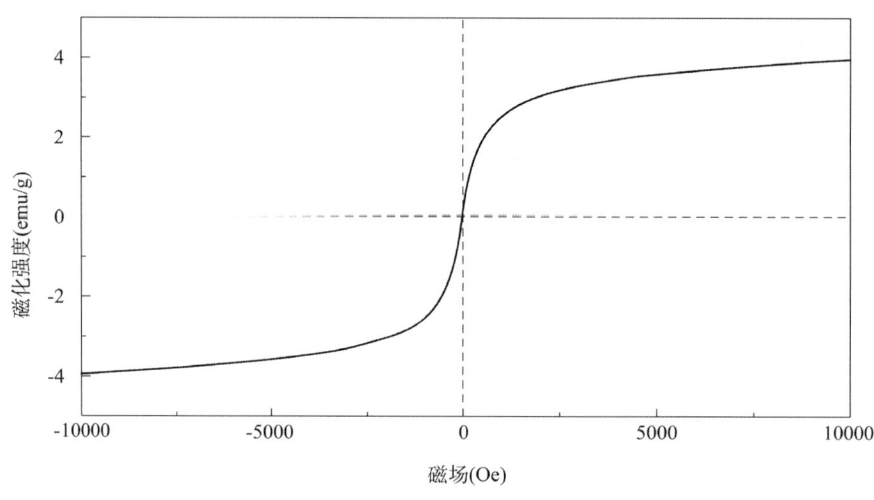

图 6-4 磁性微生物靶向载体材料室温下的磁滞回线

6.2.5 磁性微生物靶向载体材料的生物亲和性

大孔磁性微生物靶向载体材料与固定化菌群的表面形貌电镜扫描图如图 6-5 所示。大孔磁性微生物靶向载体材料表面粗糙多孔，凹凸不平，呈蜂窝网状结构，孔洞密集且相互连接，适合作为乳化油降解菌群的固定化材料。其中，大孔磁性微生物靶向载体材料的内核由磁性胶体构成，外壳由高分子材料合成。粒子疏松多孔，孔洞边缘颜色较淡，这是由于其吸附了一层聚乙二醇（PEG）和十二烷基磺酸钠（SDS）的缘故。其形成机理为 PEG 和 SDS 通过非价键（氢键、配位键、静电）作用于 Fe_3O_4 粒子表面，形成溶剂化层壳,阻止了小粒子的生长和团聚,从而均匀分散于液体中,形成稳定性好的磁核,同时也加强了与非极性物质的亲和性。载体材料具有良好的生物亲和性,适宜菌群的生长繁殖。

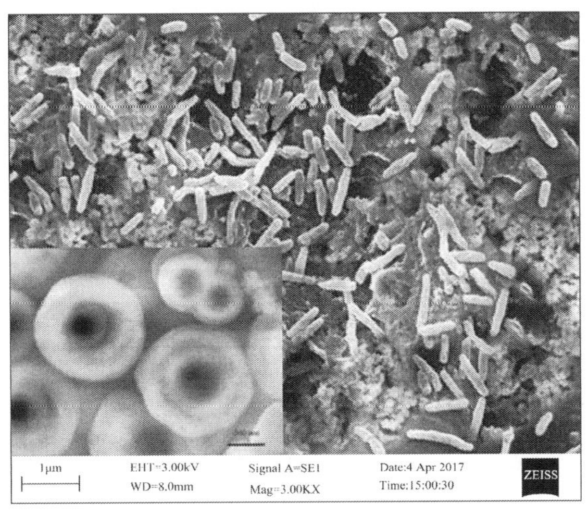

图 6-5　大孔磁性微生物靶向载体材料与固定化菌群的 SEM 图

6.3　磁性微生物靶向载体材料的吸附机理分析

制备的大孔磁性微生物靶向载体材料应具有多孔结构方可用于固定化菌群,而多孔材料的制备离不开致孔剂和交联剂。在发生聚合反应之前,致孔剂溶于单体,但随着进一步的反应,聚合物不再溶于分散介质和致孔剂,以聚合物长链的形式从介质和致孔剂中析出。其中,致孔剂存于聚合物链间,而聚合物长链之间相互聚集并交联,最后组成多孔的骨架。经过抽提致孔剂,电热干燥箱干燥后即可制得大孔磁性微生物靶向载体材料。比较典型的良溶剂有甲苯,不良溶剂有环己烷、正己烷等,而典型的线型聚合物主要是聚苯乙烯。大孔磁性微生物靶向载体材料的孔径与致孔剂的种类有关。用不良溶剂和线性聚合物作致孔剂制备的粒子一般具有不规则大孔的表面特征,因此会得到结构紧密的粒子。使用良溶剂得到结构膨松、小孔径、大表面积的颗粒。

通过化学共沉淀法制备大孔磁性微生物靶向载体材料,反应式为 $2Fe^{3+} + Fe^{2+} + 8OH^- \rightarrow Fe_3O_4 + 4H_2O$,然后采用 PEG 和 SDS 对颗粒进行改性,使其具有双亲性,得到磁性胶体。以磁性胶体为磁核,采用分散聚合的方法制备核壳结构的磁性粒子。核壳结构通过嵌套关系结合,从而最大程度保持了粒子的双亲性,通过控制致孔剂的条件,获得疏松多孔的粒子。多孔的结构使亲水磁核能够透过孔隙与外界接触,疏水的壳层对乳化油具有吸附性能,从而体现材料的双亲特性。大孔磁性微生物靶向载体材料吸附能力强、吸附容量大的主要原因是疏水性的外壳对乳化油具有亲和力,被吸附的乳化油粒子进而被材料表层发达的孔隙所捕捉,而由于材料内部空隙丰富且比表面积大,进一步提高了材料的油吸附容量。

磁性纳米材料因具有特殊的性能,如超顺磁性、低矫顽力、高磁化率,引起了人们的注意。磁性纳米材料容易与其他化合物(如铁、镍、钴、锰、磁铁矿、磁铁矿等)合成磁性材料。

氧化铁纳米粒子(磁铁矿和磁赤铁矿)及其纳米复合材料具有很强的磁性和亲油性,广泛应用于生物医学领域和含油污水的处理中。超疏水亲油材料与磁性纳米颗粒结合来合成溢油吸附剂,是一种理想的吸油材料。其原理是将亲油的磁性粒子混合并分散到油中,从而产生磁性油。外部发动机驱动磁场,从而驱动磁性油。磁性吸附剂具有诸多优点,如表面性质大、生物降解性强、不下沉性、回收简单、可重复使用、生态友好以及吸附容量大。图 6-6 所示为一种磁性吸油材料的制备过程,可实现快速吸附分散的油污。

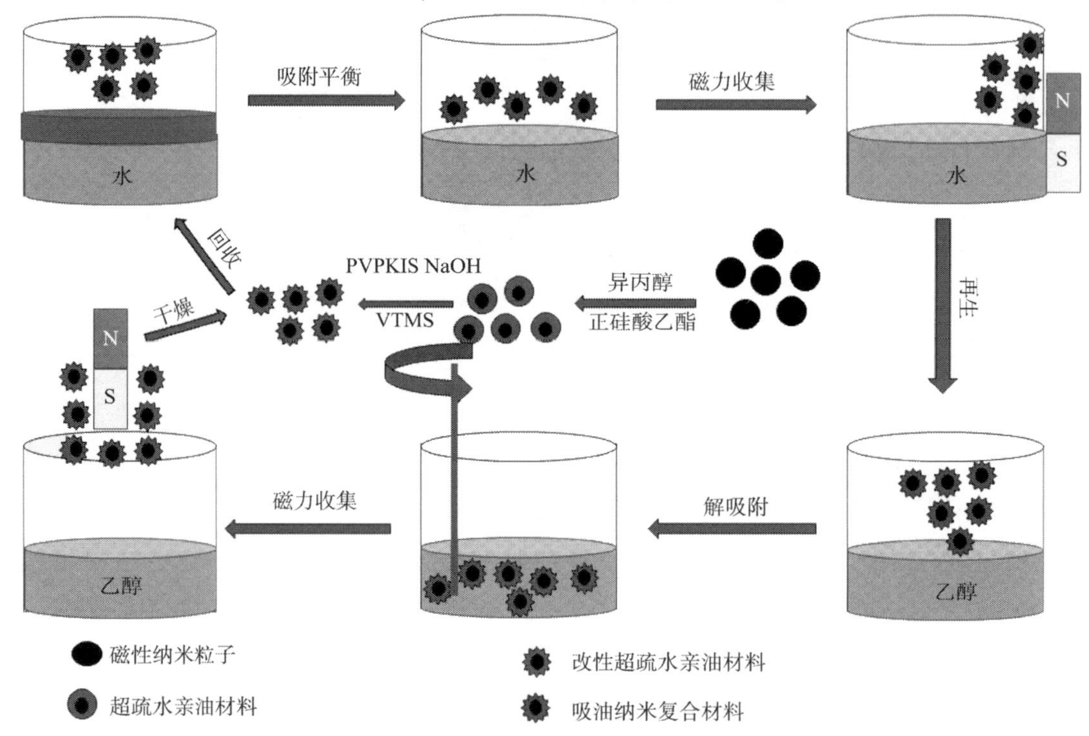

图 6-6 磁性纳米粒子的合成、吸附和解吸过程

7 多孔材料固定化酶

多孔材料类固定化载体颇受青睐,因为其具有孔隙率高、比表面积大、相对密度低、吸附性能较佳、渗透性能较好和分子识别功能精确等优点。多孔材料固定化酶比游离酶的应用效果更佳,多次循环利用后仍旧保持较高的酶活性。多孔材料主要包括纳米多孔材料、大配体多孔材料、碳骨架多孔材料、氧化硅骨架多孔材料、聚合物类多孔材料等。随着研究方法和技术的不断进步和发展,不论是化学基础研究还是与其相关的化工、能源、环境、医药等各大领域都对有机合成的发展及其应用提出了较高的要求。关于催化剂的研究一直受到广泛关注,催化剂不论是在实验室基础研究中还是在工业生产活动中,都具有加快反应速率、提高产率、缩短时间和降低成本的作用。

在工业企业生产过程中,大约 90% 以上使用催化剂。催化剂种类繁多,主要分为酸、碱、可溶性过渡金属化合物、过氧化物等催化剂。催化剂的介入改变了化学反应的途径,降低了化学反应的活化能。例如,碱催化剂用于纺织印染、污水处理等。随着化学工业技术的不断发展和催化剂的发展演变,企业越来越少使用含有害物质的催化剂,越来越多使用无污染催化剂,促进绿色环境经济发展。因此,设计和寻找新型催化剂,成为当下的热门研究领域。生物催化剂作为一种新型催化剂引起了科学家浓厚的研究兴趣。生物催化剂具有很大的优势,具有能在常温常压下反应,反应速率快,催化作用专一,价格较低等优点,但缺点是易受热、受某些化学物质及杂菌的破坏而失活,稳定性较差。为提高脂肪酶的稳定性和催化活性,1916 年首次报道的固定化酶技术成功解决了这个问题,极大地促进了酶与底物的结合,该方法在过去几十年中得到了快速发展。随着对固定化酶的深入研究,发现固定化酶还存在一些关键问题,即脂肪酶固定化在载体上容易堆积,从而导致与底物的接触面积减小;在水相催化中催化三联体的 α-螺旋盖处于封闭状态,致使活性中心未能有效地与底物接触;固定化酶循环利用次数较少,回收固定化酶后仍检测到部分游离酶;均相或者多相催化体系中依旧能检测到失活固定化酶。多孔材料骨架的组成可以进行改性调整,这为设计固定化效果较好的固定化材料提供了条件,如 MOFs、COFs;较高的吸附量和可控制的吸附性能,在采用吸附法固定化酶的同时还能将亲水材料调控为疏水材料,打开 α-螺旋盖,使活性中心与底物充分接触,如分子筛、二氧化硅。

固定化脂肪酶是将脂肪酶通过物理或化学的方法与某种物体结合制备成不溶于水,但仍具有催化活性的复合体,这一过程是将单体的游离脂肪酶转变成了被某种物体束缚的复合脂肪酶催化剂。固定化脂肪酶分为物理法和化学法,物理法包括吸附法和包埋法;化学法包括交联法和共价结合法。共价结合法具有酶与载体结合牢固、不易脱落、可连续使用时间较长等优点,是目前工业化应用的主要方法。多孔材料固定化脂肪酶的原理如图 7-1 所示,固定化方法是吸附和共价键结合,使用戊二醛作为交联剂。

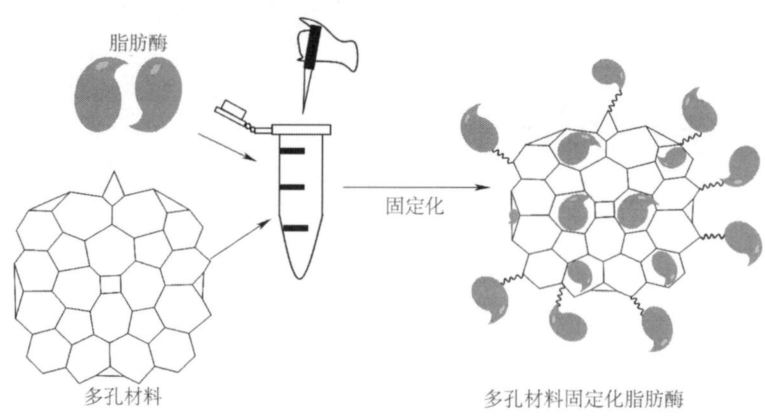

图 7-1 多孔材料固定化脂肪酶

7.1 固定化脂肪酶

脂肪酶是最实用的一类酶,广泛应用于脂肪和油的水解,脂肪酶可对脂肪和油的水解进行催化,并在膳食脂质/甘油三酯的消化和运输中发挥关键作用。脂肪酶广泛应用于脂肪和油的水解。脂肪酶具有独特的性质,如化学选择性、区域选择性、立体选择性、无毒性、可用性、需要温和的反应条件、在低水有机介质中的活性高,上述性质使脂肪酶作为生物催化剂在许多有机反应中的应用快速增加,如羟醛缩合、Hantzsch 反应、坎尼扎罗反应、曼尼希反应、贝里斯-希尔曼反应、Ugi 反应、Knoevenagel 缩合、迈克尔加成等,并应用于多种常规反应,如水解脂肪和油、醇解、氨解、酯化、酯交换反应。脂肪酶来源广泛,包括动物(胰腺、肝脏和胃)、微生物(细菌、真菌和酵母)和植物等。50% 的商业脂肪酶来自包括曲霉在内的念珠菌、毛霉、青霉、假单胞菌、根霉等,微生物脂肪酶比动植物脂肪酶更稳定,而且微生物脂肪酶的生成时间最短,易于应用外界环境的变化,培养条件简单。在微生物脂肪酶中,细菌脂肪酶和真菌脂肪酶具有较高的活性和稳定性,与酵母源相比具有热稳定性,同时具有中性或碱性 pH 值。植物脂肪酶可以从低成本的基质中提取,不需要基因工程,可直接用作生物催化剂,植物脂肪酶对不同的有机溶剂有很好的抵抗力,对不同的底物具有选择性。

尽管脂肪酶具有很大的应用潜力,但在推广应用过程中却受到限制。因为游离态的酶性质不稳定、对环境非常敏感。因此,固定化酶是克服这些问题的最佳方法之一。对酶的固定化具有重要影响的特性是载体的疏水性。在固定化酶的各种载体中,生物大分子如壳聚糖、几丁质、海藻酸钠、纤维素、卡拉胶等具有无毒、生物降解性、对蛋白质亲和力极强的特性,此外,还具有羟基等多种活性基团,因此成为优良的固定化载体材料。其中,壳聚糖是应用最广泛的固定化酶的载体材料。壳聚糖水凝胶与其他聚合物(例如 PVA、PVC)、生物聚合物(例如海藻酸钠、纤维素、淀粉)、无机纳米材料(例如氧化石墨烯、膨润土、氧化铝)交联容易,生物相容性好。壳聚糖等载体的化学修饰可以用于制备具有靶向性水凝胶载体微球,以提高其酶固定化性能。交联是化学改性的最常用方法之一,化学剂与至少两组壳聚糖发生反应作为交联剂,并对支架的机械强度和胶体稳定性进行改性。

典型的交联剂是戊二醛、金盏花、甘草等双功能化合物，另外还有聚甲醛、环氧氯丙烷、柠檬酸、三聚磷酸钠(TPP)、乙二醛、1-乙基-3-(3-二甲基氨基丙基)碳二亚胺(EDC)、乙二胺(EDA)等。常用的交联剂结构式如图7-2所示。其中，戊二醛是最常见的物理活化剂，吸附和共价结合的可靠性、易用性高，对细菌和真菌的亲和力强。利用戊二醛活化壳聚糖的氨基生成醛基。壳聚糖的羟基还可以被EDC、乙二醛和环氧氯丙烷激活。除此之外，乙二醛和环氧氯丙烷与钠氧化高碘酸形成反应性醛乙二醛基团，其反应性低于戊二醛。戊二醛在不同条件下可与蛋白质的末端氨基连接，在pH值为7～8.5时与反应性醛含量较高。戊二醛具有生物毒性，所以金盏花素-壳聚糖网络化成为经典交联剂。京尼平(Genipin)是栀子苷经β-葡萄糖苷酶水解后的产物，是一种优良的天然生物交联剂，它可以与蛋白质、胶原、明胶和壳聚糖等交联制作生物材料，由京尼平交联制备的生物材料毒性远低于戊二醛和其他常用化学交联剂。

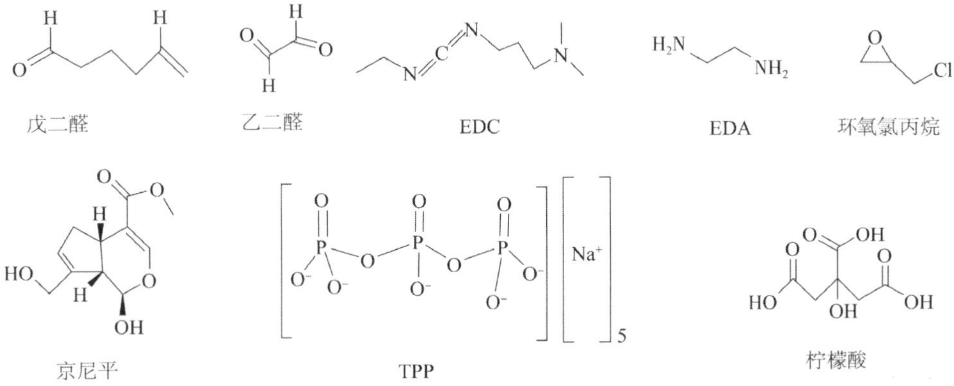

戊二醛　乙二醛　EDC　EDA　环氧氯丙烷

京尼平　TPP　柠檬酸

图7-2　酶固定化过程中常用的交联剂

不同交联剂(戊二醛、缩水甘油、EDA)对壳聚糖具有的活化作用反应原理如图7-3所示。例如，壳聚糖与PVA混合，分子内和分子间形成氢键，聚合物成网络结构，从而能够大幅度提高机械性能；以戊二醛作为交联剂，通过壳聚糖大分子链的羟基和氨基，在壳聚糖大分子链之间形成化学交联点，形成半互穿网络结构的壳聚糖聚合物；乙二胺(EDA)在其他交叉链接器中的使用，增加酶与支架之间的距离，提高酶的获取率，从而提高酶的固定化产率。将南极洲假丝酵母脂肪酶B固定在改性壳聚糖和壳聚糖/海藻酸氢凝胶上，用甘草作为壳聚糖的活性羟基，戊二醛改性胺基和乙二胺与醛官能壳聚糖形成亚胺键。

壳聚糖海藻酸钠水凝胶通过将海藻酸钠溶液滴加到凝胶中制备微珠。壳聚糖溶液中含有金属离子，如Ca^{2+}、Zn^{2+}、Cu^{2+}等。在缓慢磁搅拌下，海藻酸钠的羧基单元和壳聚糖的氨基相互作用而形成配合物。壳聚糖水凝胶微球与壳聚糖水凝胶的共混金属或金属氧化物纳米粒子增强壳聚糖抗菌性能。例如，壳聚糖与银纳米粒子的基质与纳米复合材料中的每个组分相比，抗菌稳定性较高。壳聚糖包覆氧化铁磁性纳米粒子是一种理想的实用共混物，它可以通过外部作用力恢复磁性。在纳米尺度下，壳聚糖颗粒的加入可以增加表面面积，从而使酶负荷更高，单位质量催化活性明显提高，而且也能提高壳聚糖纳米颗粒的磁性，降低固定化酶的自聚集性，提高其稳定性。将假丝酵母-地毯糖脂肪酶固定在磁性壳聚糖纳米颗粒上制备生物柴油，从豆油中提取87%的产品。最后，降低材料粒径是改善物理、化学、光学、催化性能以及其他反应性质的有效途径。此外,壳聚糖与纳米颗粒结合具有很大的界面面积,可以提高分子的迁移率、力学性能。

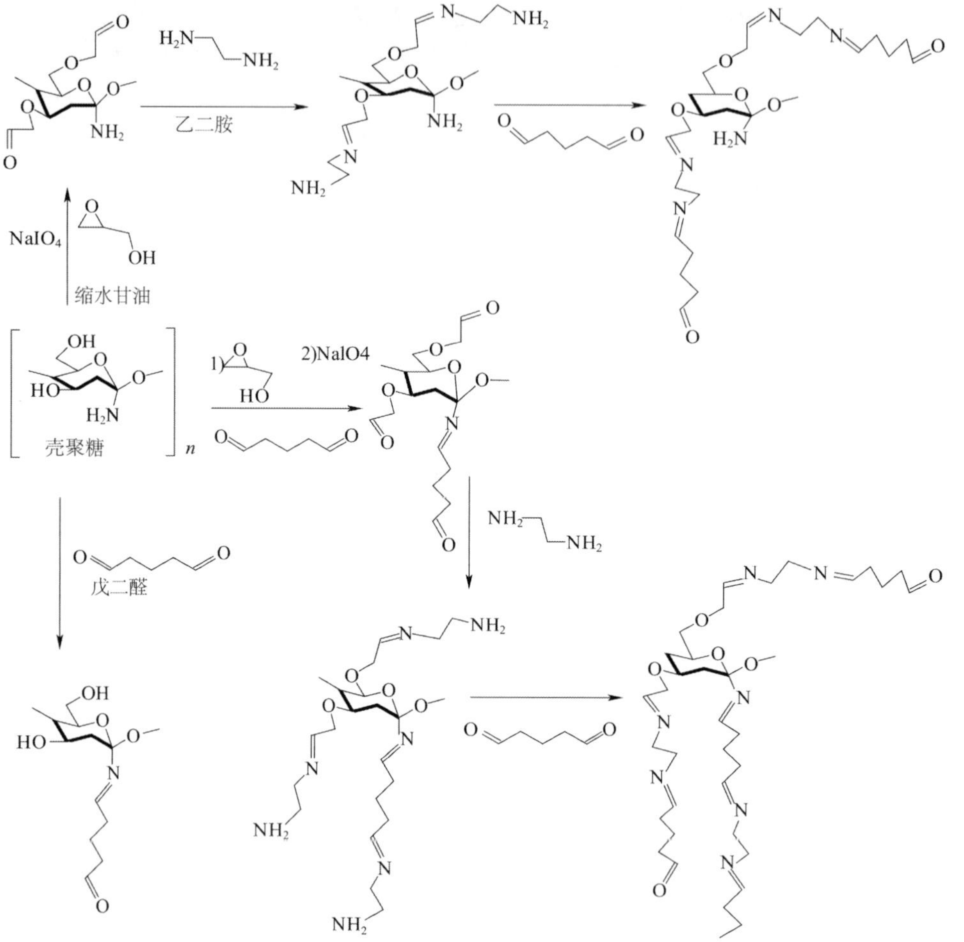

乙二胺
NaIO₄
缩水甘油
壳聚糖
1)
2)NaIO4
戊二醛

图 7-3 不同交联剂(戊二醛、缩水甘油、EDA)对壳聚糖的活化作用

固定化酶是指用物理或化学方法处理水溶性酶,使之成为不溶于水或固定于固相载体的酶。固定化酶在催化反应完成后容易与水溶性反应物分离,因此可反复使用。常用的固定化酶方法有载体结合法、交联法、包埋法、共价偶联法等,其中交联法是指采用双功能基团的试剂(也称交联剂)使酶分子之间、酶与载体之间发生交联,凝集成网状结构,使之不溶于水,从而制得固定化酶。交联法固定化酶的优点是操作简单,制备的固定化酶稳定性较高,不足之处在于交联条件较激烈,常出现扩散限制,固定化酶活性回收率较低。

酶固定化的方法可以分为物理方法和化学方法。物理吸附法是将酶固定化在载体上最简单、最方便的方法,吸附法利用弱相互作用,如氢键、范德华力,但这种方法的明显缺点是酶容易泄漏。固定化酶催化 N-酰化是制备酰胺的重要方法,固定化脂肪酶催化二丁胺(分子式:$C_8H_{19}N$)的 N-酰化反应式如图 7-4 所示;反应原理如图 7-5 所示,被酰化的物质可以是脂肪胺,也可以是芳胺。非共价吸附法固定化脂肪酶,由于吸附过程简单,固定化酶活性高,载体材料成本低,固定化工艺无须化学添加剂,且该方法是可逆过程,支架的可再生性能使之非常经济。此外,多孔颗粒载体比非孔支架更好地固定脂肪酶,因为它们的表面积更大。另一方面,吸附酶的数量及其催化活性受载体孔隙率的影响,如果载体具有高度多孔性,则固定化酶的大小和分布方式对固定化酶的性能有重要的影响。

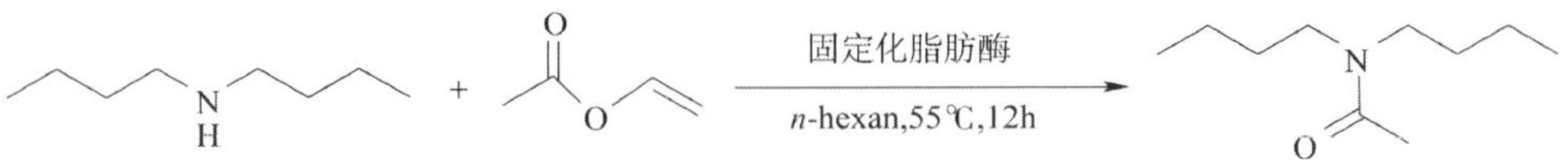

图 7-4　固定化脂肪酶催化二丁胺的 N-酰化反应

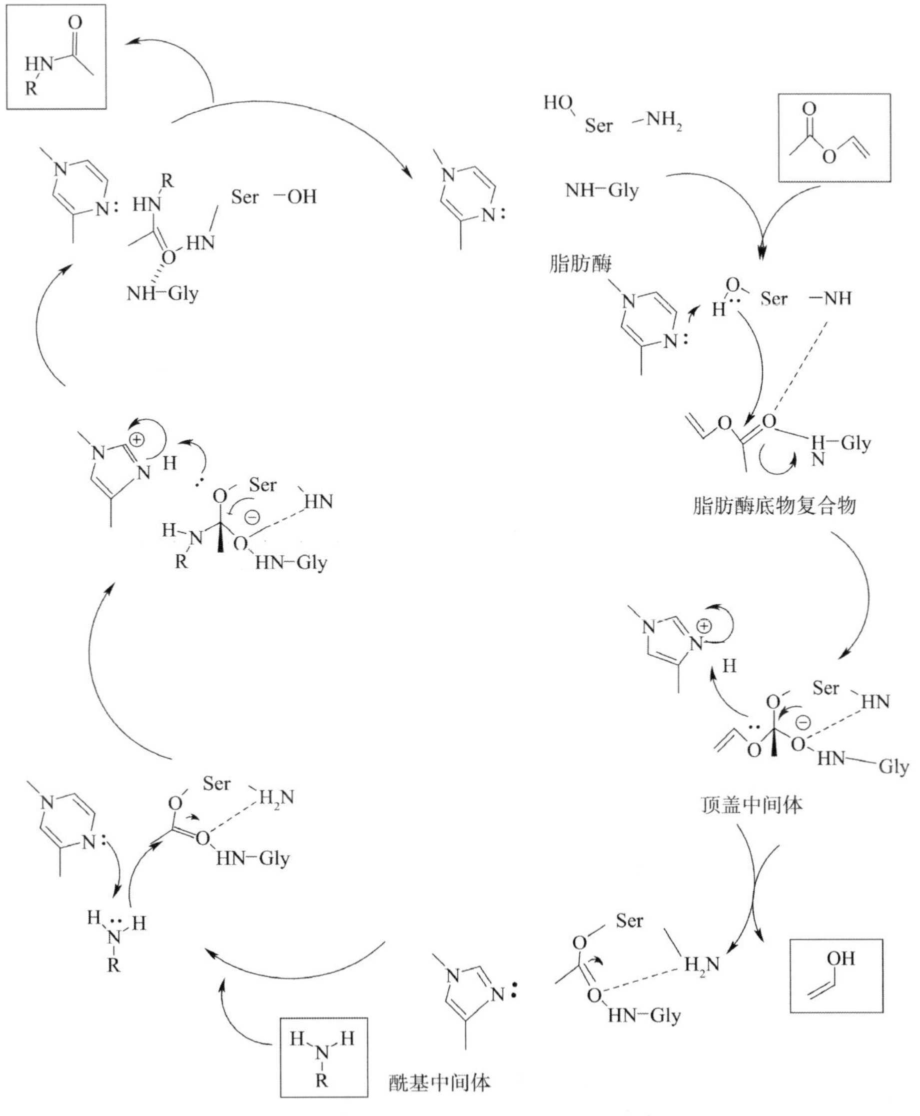

图 7-5　脂肪酶催化 N-酰化反应的机理(Ser 为丝氨酸)

在壳聚糖磁性纳米粒子表面,使用 EDC 和 sulfo-NHS 修饰脂肪酶的固定化原理如图 7-6 所示。不具有活性官能团的载体,需要额外的处理来修饰载体,以便与酶正确连接。含羧基或氨基的双功能试剂如戊二醛、二异丙基碳二亚胺(DIC),以及 1-乙基-3-(二甲氨基丙基)碳二亚胺盐酸盐(EDC)/NHS 是最常用的活化剂。影响这种方法的主要因素有:载体材料的尺寸和形状、耦合方法的性质和材料的组成。

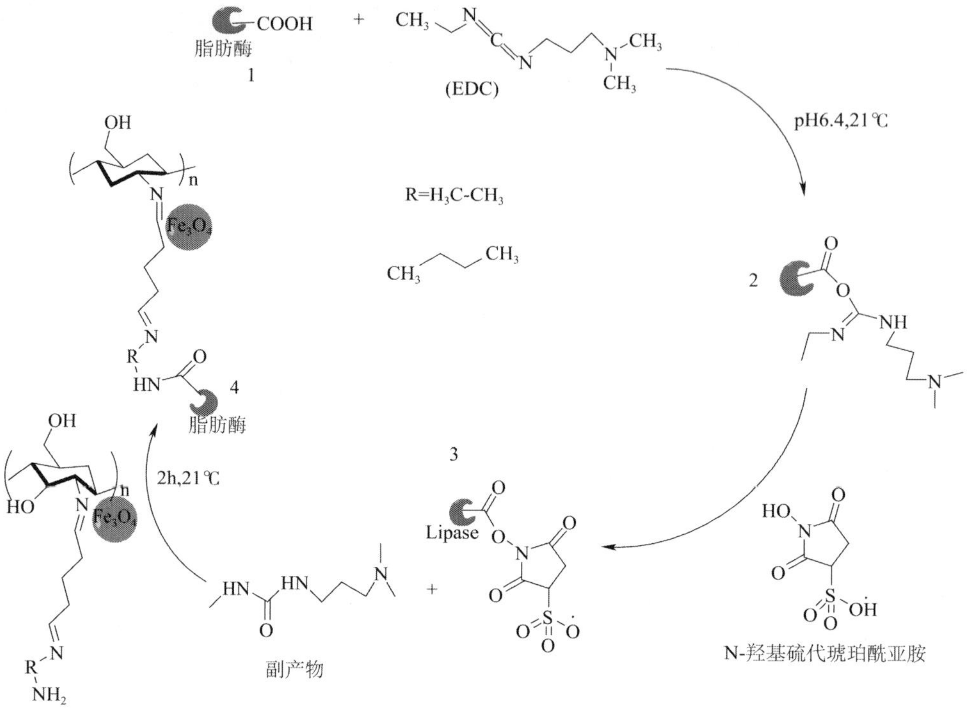

图 7-6　EDC 和 sulfo-NHS 修饰脂肪酶在壳聚糖磁性纳米粒子表面的固定化

7.2　磁性纳米多孔材料

在各种磁性纳米材料中,磁性 Fe_3O_4作为固定化材料,具有类似酶的高催化活性,较大的比表面积可以在固定化酶时提供更多的接触位点,从而增加固定化酶的用量。磁性纳米材料固定化酶有利于提高酶的活性和稳定性,对酶的结构、功能和特异性有一定的影响。

高聚物容易形成交联凝胶网络,使 MNPs 紧密包裹在聚合物微球中,有效防止纳米粒子团聚,提高分散稳定性。以 Fe_3O_4为核心,在复合材料表面包覆介孔材料,得到了纳米复合材料的核壳结构 Fe_3O_4@ MCM-41,通过戊二醛共价交联,将假丝酵母折叠脂肪酶固定在酶的表面(反应式如图 7-7 所示)。采用核壳结构的复合载体可以有效地克服磁性纳米粒子之间的强磁偶极相互作用。采用磁场引导法制备磁性 Fe_3O_4 纳米粒子和二氧化硅,在正己烷存在下,将十六烷基三甲基溴化铵(CTAB)与正硅酸乙酯(TEOS)组装得到具有双壳结构的介孔二氧化硅 Fe_3O_4@ $n$$SiO_2$@ m$SiO_2$,这种独特的双壳结构更有利于贵金属和酶的负载。在外动态磁场中,随着磁场方向的改变,产生快速旋转现象,加速催化反应。

7.2.1　磁性纳米粒子固定化酶

聚乙烯基氯(PVBC)对 Fe_3O_4进行修饰,得到 Fe_3O_4@ PVBC 磁性纳米粒子,能够提高脂

肪酶的催化活性和稳定性。固定化脂肪酶的催化活性约为 99.6%，而游离酶活性仅为 3.3%，这主要是由于 Fe_3O_4@PVBC 纳米颗粒对脂肪酶有较好的界面活化作用。

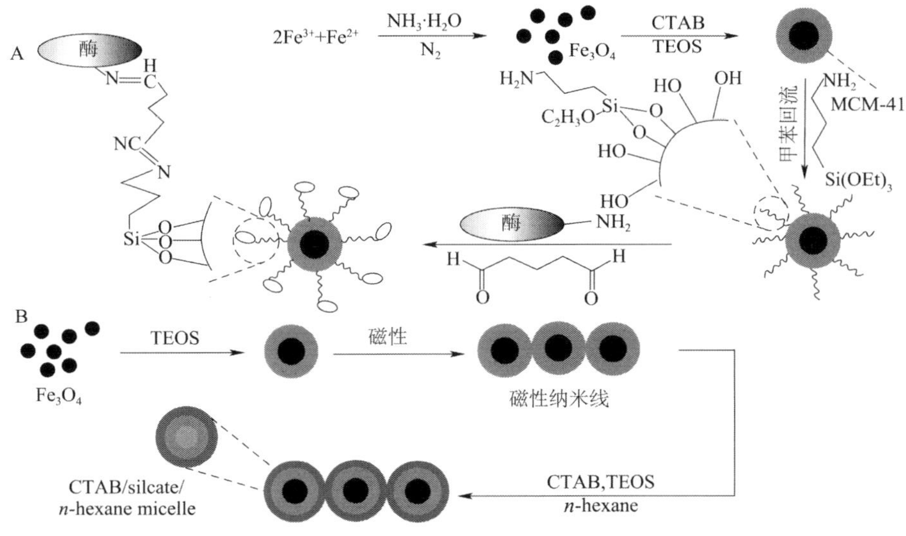

图 7-7 核壳结构磁性固定化酶(A)和磁性介孔 SiO_2 纳米链(B)的制备

如图 7-8 所示，枯草芽孢杆菌脂肪酶基因 A 通过共价键结合方式固定在 Fe_3O_4 单分散磁铁矿微球上，固定化效率超过 90%，还极大提高了酶的热稳定性，固定化脂肪酶的活性增强。

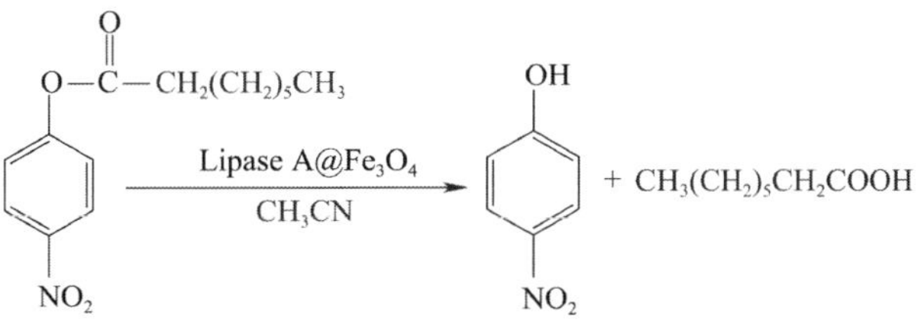

$$O_2N\text{-}C_6H_4\text{-}O\text{-}\overset{O}{\overset{\|}{C}}\text{-}CH_2(CH_2)_5CH_3 \xrightarrow[CH_3CN]{\text{Lipase A@}Fe_3O_4} O_2N\text{-}C_6H_4\text{-}OH + CH_3(CH_2)_5CH_2COOH$$

图 7-8 固定化酶 LipaseA@ Fe_3O_4 生物复合材料催化酯水解反应

如图 7-9 所示，以辛基对磁性氧化石墨烯进行功能化修饰，GO-Fe_3O_4 用于固定化玫瑰假丝酵母脂肪酶(CRL-7)，催化对硝基苯基棕榈酸酯与 2-丙醇的酯交换反应。采用(3-氨丙基)三甲氧基硅烷、(3-巯丙基)三甲氧基硅烷和(3-辛基)三甲氧基硅烷功能化 GO-Fe_3O_4 纳米复合材料后，GO-Fe_3O_4 固定化 CRL-7 的量分别从未功能化前的 187.4mg/g 增加到 328.6mg/g、265.3mg/g 和 413.2mg/g。

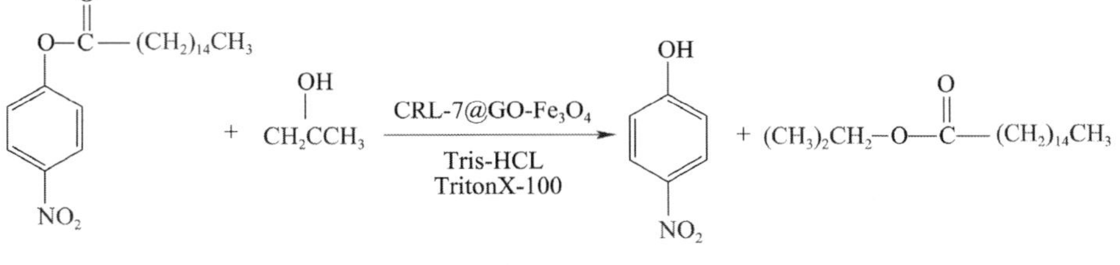

$$O_2N\text{-}C_6H_4\text{-}O\text{-}\overset{O}{\overset{\|}{C}}\text{-}(CH_2)_{14}CH_3 + CH_2\underset{}{\overset{OH}{\overset{|}{C}}}CH_3 \xrightarrow[\text{Tris-HCL, TritonX-100}]{\text{CRL-7@GO-}Fe_3O_4} O_2N\text{-}C_6H_4\text{-}OH + (CH_3)_2CH_2\text{-}O\text{-}\overset{O}{\overset{\|}{C}}\text{-}(CH_2)_{14}CH_3$$

图 7-9 CRL-7@ GO-Fe_3O_4 生物复合材料催化酯交换反应

将灰链霉菌蛋白酶共价交联固定化在磁性纳米颗粒(NMP)上,该磁性纳米粒子经修饰后表面含有多个羟基,通过戊二醛固定化后,分别形成了单层的 MNPs-GA-Pro 和多簇的 MNPs-PGMA-Pro 的生物复合催化剂。与游离态酶相比,单层和多簇的 MNPs 表现出优异的酶活性。当用于对寄生线虫的杀线虫活性测定时,多簇的 MNPs-PGMA – Pro 的生物复合催化剂在 7 个磁分离循环中保持了较高的活性。该生物催化剂可用于水处理,且具有易磁分离、可重复使用和降低处理成本的优点。固定化的蛋白酶能够开发对功能性食品具有很大应用潜力的天然成分,该成分由酪蛋白衍生而来。

7.2.2 磁性纳米花

磁性纳米花(Nanoflowers)主要由磁性 Fe_3O_4核和花状有机硅径向皱纹壳组成,作为固定化酶载体,磁性 Fe_3O_4核周围所具有的花状有机硅径向褶皱壳层可以减少磁性纳米粒子的不可避免的聚集;较大面积的褶皱层不仅增大了与底物的接触面积,还能有效地减少固定化酶的流失;有机硅的疏水性可以促进脂肪酶的催化性能,即脂肪酶中的两亲性 α-螺旋盖子,可以将活性中心从底物上遮挡起来或在疏水环境中去除,使活性中心暴露在底物上。利用磁性有机硅纳米花固定化南极假丝酵母脂肪酶 B(CALB)反应式如图 7-10 所示,固定化酶作为生物催化剂促使甘油(GL)和碳酸二甲酯(DMC)反应合成碳酸甘油(GC)。由于固定化载体具有磁性,可以很方便地利用磁铁对固定化酶复合材料进行回收利用。

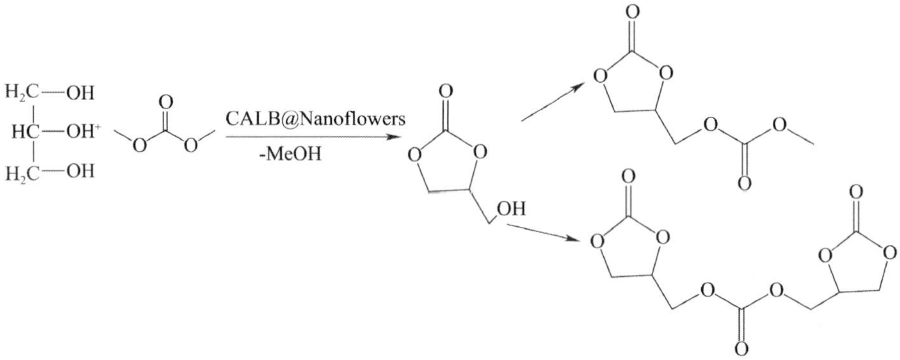

图 7-10 CALB@ Nanoflower 生物复合材料催化酯交换反应

壳聚糖复合水凝胶(PVA-NPC)由聚乙烯醇(PVA)与壳聚糖(NPC)通过反复冷冻和融化进行物理交联而形成,进而提高酶-无机杂化纳米花机械强度、催化活性并使其易于分离。用 PVA-NPC 修饰磁性纳米花,即形成纳米花-PVA-NPC 复合材料,再用于对脂肪酶的固定化,反应式如图 7-11 所示。水凝胶以网络结构均匀地包覆在脂肪酶-$Cu_3(PO_4)_2 \cdot 3H_2O$ 纳米花表面,底物和产物可以自由移动。水凝胶出色的机械性能有效地保护了脆弱的纳米花免受外部压力,从而防止酶活性降低。与游离脂肪酶(97.28U/g)相比,纳米花-PVA-NPC_3在 37℃和 pH7.4 下表现出更高的酶促活性(146.12U/g),同时反应结束后易于分离。

将脂肪酶固定化在磁性纳米花 $Cu_3(PO_4)_2$上得到 Lipase@ MNFs,反应式如图 7-12 所示。$Cu_3(PO_4)_2$磁性纳米花由花状磷酸铜骨架和磁性氧化铁芯组成,在外加磁场的作用下,磁性纳米花可以快速有效地从反应体系中分离出来。与游离脂肪酶相比,Lipase@ MNFs 具有较高的酶活性、更好的热稳定性和较佳的 pH 稳定性。磁性纳米花的设计为提高脂肪酶的催化活性开辟了新的途径。

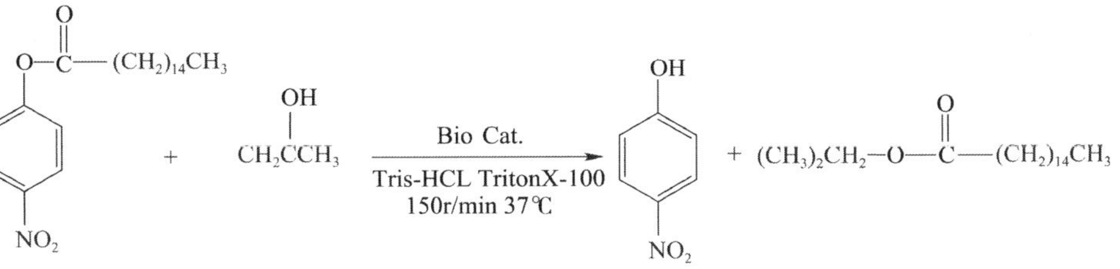

O—C(=O)—$(CH_2)_{14}CH_3$（NO_2 取代苯基酯） + CH_2CCH_3（OH） $\xrightarrow[\text{Tris-HCL TritonX-100, 150r/min 37℃}]{\text{Bio Cat.}}$ OH（NO_2 取代苯酚） + $(CH_3)_2CH_2$—O—C(=O)—$(CH_2)_{14}CH_3$

图 7-11　Lipase@ PVA-NPC 生物复合材料催化酯交换反应

CH_2OH（苯环） + H_3CCOO—CH=CH_2（H, H, H） $\xrightarrow{\text{MNF}}$ CH_2OOCCH_3（苯环） + CH_3CHO

O—C(=O)—$(CH_2)_{14}CH_3$（NO_2 取代苯基酯） + CH_2CCH_3（OH） $\xrightarrow[\text{Tris-HCL TritonX-100, 150r/min 37℃}]{\text{Lipase@MNF}}$ OH（NO_2 取代苯酚） + $(CH_3)_2CH_2$—O—C(=O)—$(CH_2)_{14}CH_3$

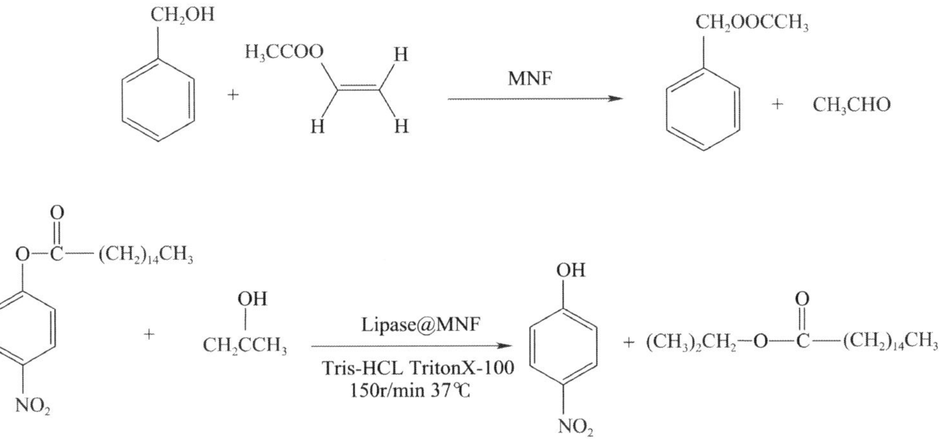

图 7-12　Lipase@ MNF 生物复合材料催化酯交换反应

7.3 非磁性纳米多孔材料

非磁性纳米材料包括无机纳米颗粒(nanoparticles,NPs)、有机聚合物纳米材料和金属有机框架。无机纳米颗粒被广泛用于多种酶的固定化,常用的无机纳米颗粒有纳米金、碳基纳米材料及介孔材料等。介孔材料是一种孔径为 2～50nm 的材料,其纳米尺寸孔径允许酶分子进入孔道,同时其功能性表面基团可以根据目标分子进行调节,作为酶的固定化载体表现出很高的优越性。这类材料多为氧化物,如 SiO_2、Al_2O_3、TiO_2、ZrO_2等,通常是立方体或六棱柱结构。其中,介孔氧化硅研究最为广泛。用于酶固定化的介孔氧化硅材料主要有 MCM-41、SBA-15、MSU-H、KIT-6 和介孔泡沫氧化硅(MCF)等。近年来,有许多研究发现,用介孔材料固定化酶能够提高酶的活性、稳定性以及底物特异性。

为了实现碳酸酐酶在 CO_2 捕集过程中的应用,采用介孔材料作为固定化碳酸酐酶的载体。碳酸酐酶能够同时吸附在材料表面和孔径中,使得酶加载量更高,而且在 40℃ 维持 6d 后仍保留 98% 的初始活力。甲醛脱氢酶能够将甲酸还原为甲醛,通过级联反应实现 CO_2到甲醇的转化,反应过程如图 7-13 所示,但是甲醛脱氢酶的活性较低,并且对底物/产物浓度和 pH 较为敏感。为了提高甲醛脱氢酶的催化性能,通过物理吸附将甲醛脱氢酶固定在孔径分别为 26.8nm 和 36.9nm 的 MCF 上,材料表面经辛基、巯基丙基或氯甲基功能化。甲醛脱氢酶均能够成功固定在这两种材料上,酶负载量分别为300mg/g和750mg/g,然而仅有固定在较大孔径的甲醛脱氢酶保留了其催化活性,并且明显高于游离酶的活性,这可能是由于反应过程中酶结构的变化需要较大的孔径。通过离子交换将酯水解酶EH1固定在氨基功能化的有序介孔材料SBA-15上,固定化后该酯水解酶的底物范围缩减到17种酯,并且对(R)-4-氯-3-羟基丁酸乙酯具有立体选择性。这是由于固定在相似大小介孔中的酶分子结构可能发生改变并导致酶活性中心发生变化,进而影响底物在活性中心的构象。

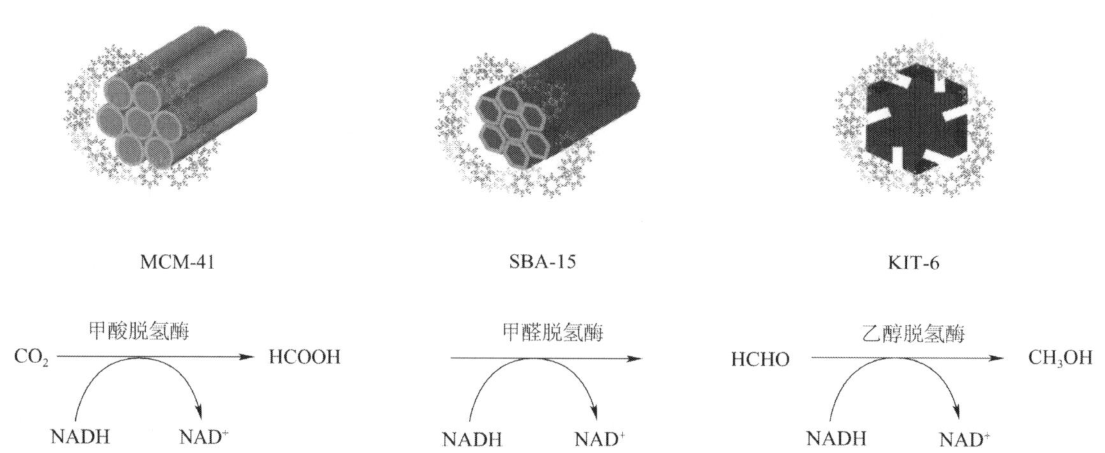

图7-13 不同介孔硅固定化碳酸酐酶示意图

酶级联反应催化二氧化碳生成甲醇,介孔硅表面很容易进行功能化,而且化合物种类繁多,如有机聚合物、小分子化合物、金属离子和离子液体等。引入—NH_2、—SH、—CN、—Cl、—C_6H_5,以及烷基官能团到介孔材料上,这些基团提供了大量反应位点,通过共价键或次级键与酶连接,能够提高酶的负载量和载体的稳定性。同时,有机基团进入介孔孔道,防止酶的泄漏。通过官能团(即胺、羧酸、异氰酸酯、烷烃和吡啶)进行修饰,除了羧酸官能团,修饰后的介孔材料均得到了较高的酶负载能力和固定化速度。

金纳米颗粒是一类非常重要的纳米材料载体,在催化领域引起了人们的兴趣。纳米金颗粒作为固定化酶载体具有以下优点:(1)制备方法简单、容易再生;(2)酶分子中的氨基和半胱氨酸中的巯基可直接结合到金纳米粒子表面用于固定化酶。羧基石墨烯合成和脱氢酶固定化流程如图7-14所示。在金纳米颗粒上固定化的酶包括脂肪酶、葡萄糖氧化酶、纤维素酶等,将酶共价结合在羧基石墨烯衍生物基材上,纳米级催化剂能够将二氧化碳还原为甲醇。

聚苯乙烯、聚甲基丙烯酸甲酯、聚丙烯酸酯、聚丙烯酰胺、聚脲-聚氨酯等已广泛用于酶的固定化。利用反胶团进行聚合反应从而制备纳米级高分子载体,然后通过共价交联或吸附的方法对酶进行固定化。通过溶胶-凝胶法制备由聚乙烯醇和聚丙烯酸组成的纳米聚合物,用于固定化胆碱酯酶,然后将其加入二氧化硅颗粒和聚硅氧烷中,催化氯化乙酰胆碱水解反应;固定化酶的活性明显高于天然酶,使用高分散的二氧化硅制备的纳米复合材料中胆碱酯酶活性较高。如图7-15所示,通过多点配位作用自组装双功能氧化还原酶(甘油脱氢酶-NADH氧化酶),制备的LPEIs-Mn^{2+}-bHGN纳米线具有高度有序的叶脉结构,可以防止酶亚基的分离,使酶的多聚体形式更稳定,并能够有效地消除产物抑制。

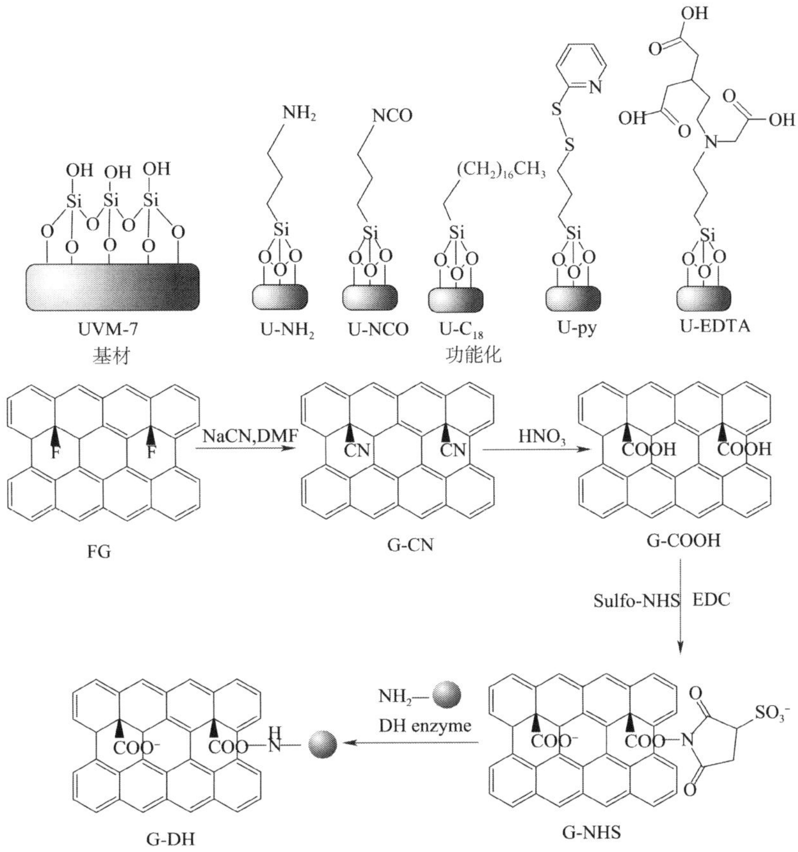

图 7-14　羧基石墨烯合成和脱氢酶固定化示意图

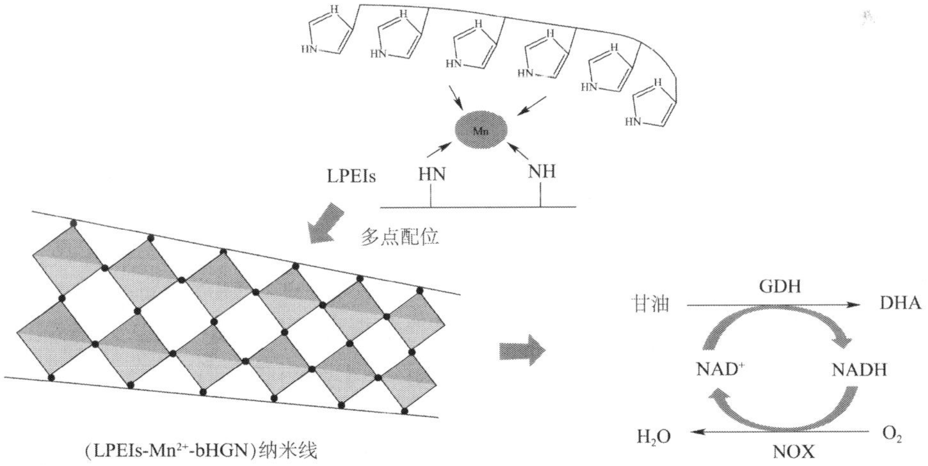

图 7-15　LPEIs-Mn^{2+}-bHGN 纳米线的固定化过程

金属有机框架(metal-organic framework,MOF)是一种由金属离子或金属簇和有机配体之间的配位作用形成的一类多孔有机-无机杂化材料,具有巨大的应用潜力。以 Ni-MOF 为前体,以氯化锌为活化剂,采用热分解法制备得到了同时包含介孔和微孔分层结构的 NiO 材料(MOF-derived porous NiO with hierarchical structure,MHNiO),将辣根过氧化物酶和细胞色素 C 分别固定到其介孔中,并将底物富集在微孔中,得到了具有高催化活性的酶反应器

(图 7-16),与相应游离酶相比,制备的酶反应器具有较高的热稳定性和重复使用性。采用硬模板法制备的一种基于 MOF 的新型多级结构纳米材料,称为开口有机硅纳米囊。纳米囊的开口有助于脂肪酶快速吸附于其内外表面,提高酶的负载率,疏水的—$(CH_2)_3$—SiO—增强了酶与纳米囊之间的相互作用,减少了酶的泄漏;在反应过程中,这种特有的结构还促进了反应物和产物的快速扩散,提升了酶促反应速率。

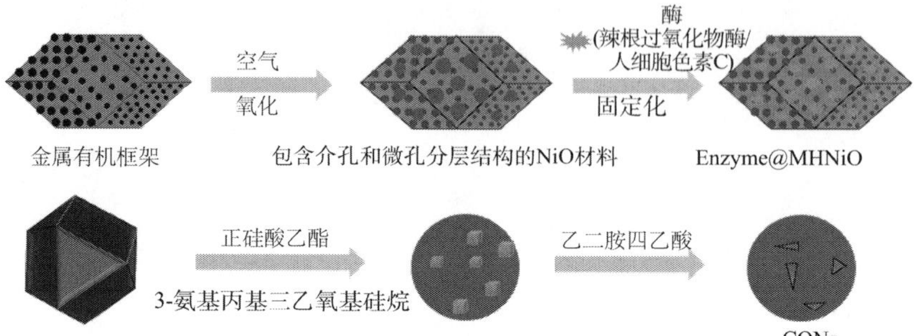

图 7-16 MHNiO 材料和固定化酶

将酶固定在纳米载体上具有提高酶活性、维持生物催化剂稳定性、促进回收和循环利用的优点。纳米多孔金(NPG)具有良好的表面化学特性,能够提高其功能利用率和导电性,在多相催化、电催化、燃料电池技术和生物分子传感方面具有广阔的应用前景。脂肪酶固定化在纳米多孔金上,并将 CALB@ NPG 生物复合材料用于催化对硝基苯基棕榈酸酯(pNPP)的水解反应。CALB@ NPG 具有较佳的催化活性和显著的可重复使用性。与游离脂肪酶相比,CALB@ NPG 生物复合材料在更宽的 pH 范围和更高的温度下均具有高催化活性。因此,NPG 中酶的包封对于开拓具有新功能的固定化酶技术具有潜在的价值,并将在不同化学工艺中得到广泛应用。CALB@ NPG 生物复合材料催化酯交换的反应式如图 7-17 所示。

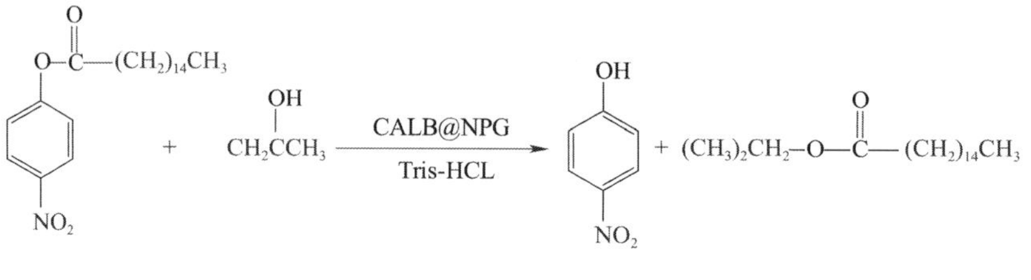

$$O_2N{-}C_6H_4{-}O{-}\overset{O}{\overset{\|}{C}}{-}(CH_2)_{14}CH_3 + CH_2\overset{OH}{\overset{|}{C}}CH_3 \xrightarrow[\text{Tris-HCL}]{\text{CALB@NPG}} O_2N{-}C_6H_4{-}OH + (CH_3)_2CH_2{-}O{-}\overset{O}{\overset{\|}{C}}{-}(CH_2)_{14}CH_3$$

图 7-17 CALB@ NPG 生物复合材料催化酯交换反应

用纳米金和银颗粒(AuNP 或 AgNP)在载体 AgNPs-PtDEBP 上固定化的荧光假单胞菌脂肪酶,在很宽的温度范围(25 ~55℃)下有较佳的热稳定性。与可溶形式使用的脂肪酶相比,该固定化酶在水性介质(50%)和有机介质中均能较好地保留酶活性。Lipase@ NP 生物复合材料催化酯交换的反应式如图 7-18 所示。

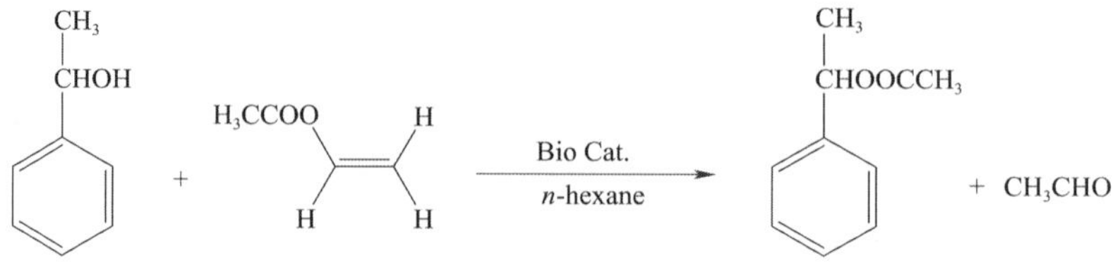

$$C_6H_5{-}\overset{CH_3}{\overset{|}{C}}HOH + H_3CCOO(H)C{=}CH_2 \xrightarrow[n\text{-hexane}]{\text{Bio Cat.}} C_6H_5{-}\overset{CH_3}{\overset{|}{C}}HOOCCH_3 + CH_3CHO$$

图 7-18 Lipase@ NP 生物复合材料催化酯交换反应

7.4 大配体多孔材料

7.4.1 金属有机框架材料

金属有机框架材料(MOF)能够在均相体系中参与反应,且具有较高的选择性和活性,其具有较多数量的催化位点以及大小可调的孔径,很大程度上提高了固定化酶的效率。组成MOF的有机配体大多以极性较强的官能团为主,如羰基、羧基、醛基、碳-碳双键、氨基等基团,这与组成酶的氨基酸中的肽键有相似的结构,能够有效地固定化酶。另外,其稳定的结构能够在强酸、强碱环境中保护酶的活性;同时,较小的密度和较高的疏水性能够有效打开脂肪酶的“盖子”,使活性中心暴露,增强催化活性。此外,共价键结合、表面附着、孔道包封和共沉淀几种固定化方式都适用于MOFs。

在Cu-BTC的层级多孔金属有机骨架材料中固定化枯草芽孢杆菌脂肪酶(BSL2),脂肪酶在酯化反应过程中具有很高的酶促活性和重复使用性,催化反应式如图7-19所示。在10个循环后,固定化的枯草芽孢杆菌脂肪酶仍显示出其初始酶活性的90.7%和其初始转化的99.6%。

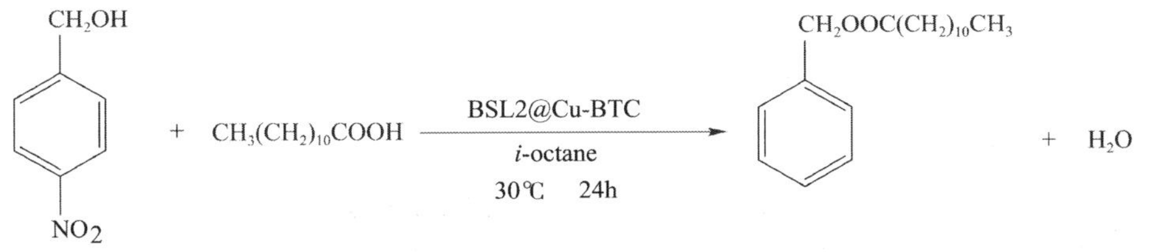

CH_2OH, NO_2 + $CH_3(CH_2)_{10}COOH$ —(BSL2@Cu-BTC, *i*-octane, 30℃ 24h)→ $CH_2OOC(CH_2)_{10}CH_3$ + H_2O

图7-19 BSL2@Cu-BTC生物复合材料催化酯化反应

由金属有机骨架衍生的纳米孔碳(NPC)材料中,最主要的材料是cMIL 100(Al)(经羧基修饰后在不同温度下热解的NPC),可用于固定化洋葱伯克霍尔德氏菌脂肪酶,反应式如图7-20所示。该介孔NPC修饰的氧化铝提高了酶的负载率和大豆油酯交换反应的催化性能,为绿色且可持续的工业应用技术提供了新的方向。

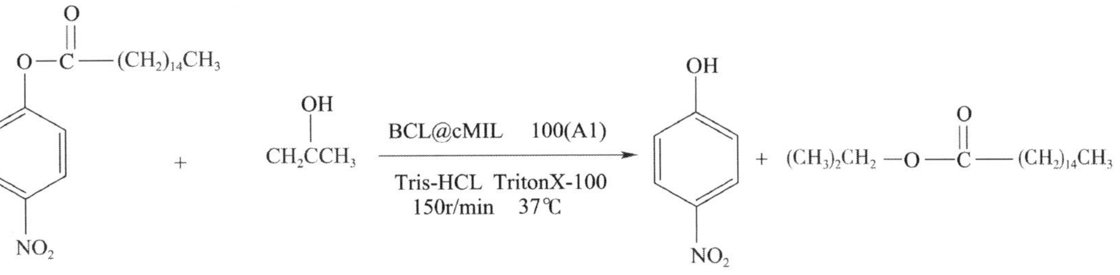

O—C(=O)—$(CH_2)_{14}CH_3$, NO_2 + OH, CH_2CCH_3 —(BCL@cMIL 100(A1), Tris-HCL TritonX-100, 150r/min 37℃)→ OH, NO_2 + $(CH_3)_2CH_2$—O—C(=O)—$(CH_2)_{14}CH_3$

图7-20 BCL@cMIL 100(Al)生物复合材料催化酯交换反应

将假丝酵母脂肪酶(CRL)固定在Zn-(NH_2-BDC)金属有机骨架上,其负载量可高达280mg/g,酶载量效果较为理想。固定化后的酶用于催化对硝基苯基丁酸酯的水解反应,显示出优异的稳定性和催化活性。最重要的是,固定化后的假丝酵母脂肪酶在重复使用10次后仍保留其初始活性的79%,反应式如图7-21所示。

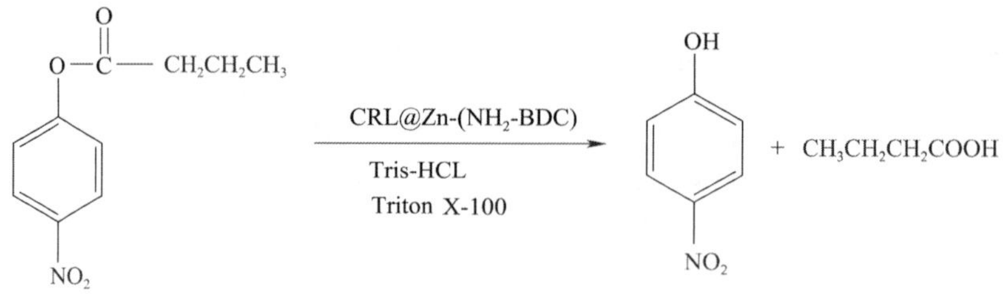

图 7-21 CRL@ Zn-(NH_2 -BDC)生物复合材料催化酯水解反应

将嗜热脂肪酶(QLM)固定在生物基金属有机骨架上,通过仿生矿化的方法将乙酸锌($(CH_3COO)_2Zn$)与腺嘌呤($C_5H_5N_5$)进行反应,从而合成金属有机骨架材料,利用该 QLM@ MOF 在高温、碱性条件以及金属离子存在下进行反应,表现出较高的催化活性和稳定性,反应式如图 7-22 所示。

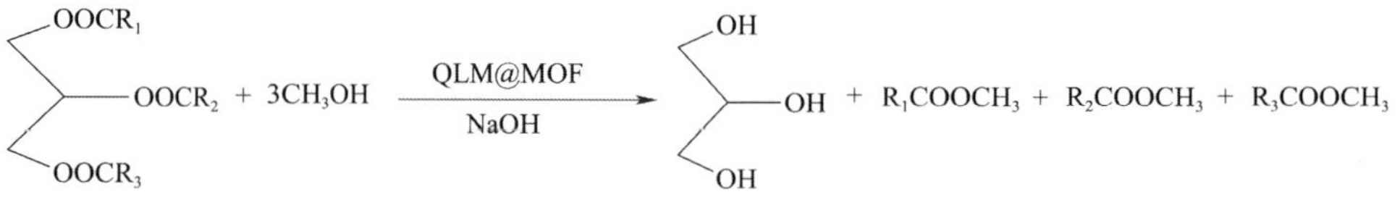

图 7-22 QLM@ MOF 生物复合材料催化酯交换反应

7.4.2 共价有机框架材料

共价有机框架材料(COF)具有大范围的网状结构、较大的比表面积(可达 $4000m^2/g$)、较高的热稳定性(400 ~ 500℃)以及很多开放位点,这为形成大量稳定的固定化酶提供了最佳的平台。COF 具有高度可调性,由于其难溶于水,与绝大多数有机溶剂不发生反应,将酶固定化在其表面后,显著提高了其在水介质和有机溶剂中的稳定性。在固定化酶时,对酶具有较好亲和力的交联剂能够利用 COF 构建块的多功能性对酶进行修饰,进而提高与特定酶的亲和力,并可以设计出与特定酶亲和力更高的框架,也为开发新的酶固定化策略提供了新的方向。

将脂肪酶(PS)固定化在 COF 上,得到具有独特的介孔结构和可调节的表面化学性质的 PS@ COF,反应式如图 7-23 所示。PS@ COF 对酶具有很高的亲和力和负载效率,与其他类型的多孔材料相比,PS@ COF 能很好地保持酶的活性并表现出数量级的催化活性,且易回收。

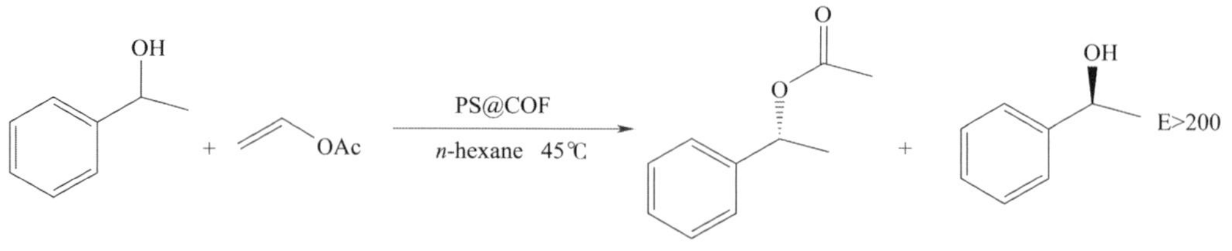

图 7-23 PS@ COF 生物复合材料催化酯交换反应

南极假丝酵母脂肪酶 B(CALB)通过亚胺连接固定到共价有机框架 PPF-2 上,催化反应式如 图 7-24 所示。CALB@ PPF-2 用于油酸和乙醇的酯化反应中,适合作为酶的固定化载体，可以显著提高酶活性，增强热稳定性，并使生物催化剂能够循环使用。

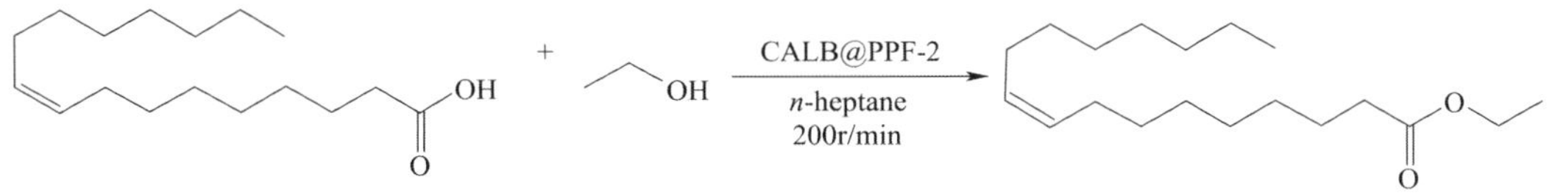

图 7-24　CALB@ PPF-2 生物复合材料催化酯化反应

7.4.3　多孔有机共聚物材料

多孔有机共聚物具有质量较轻、比表面积较大，以及有较多稳定的分子网络结构的优势，也广泛应用于酶的固定化。

合成的聚苯乙烯-二乙烯基苯共聚物，磁化后得到固定化脂肪酶的磁珠。固定化的脂肪酶能够催化椰子油与乙醇的酯交换反应，以产生脂肪酸乙酯，而且固定化酶循环使用 7 次后仍保持其活性，半衰期为 970h。将枯草芽孢杆菌脂肪酶 A（LipA）固定化在聚磺基甜菜碱甲基丙烯酸甲酯（PSBMA）上，在最佳温度条件下，酶活性得到了显著提高，反应式如图 7-25 所示。

图 7-25　LipA@ PSBMA 生物复合材料催化酯水解反应

利用聚乙二醇（PEG）修饰聚乳酸（PLA），反应形成生物相容性良好的 PLA/PEG 膜，再利用 1,6-六亚甲基二胺作为交联剂，将假丝酵母脂肪酶固定化在 PLA/PEG 膜上，随后以异辛烷为溶剂催化橄榄油的水解反应，通过吸附法将根瘤菌根霉脂肪酶（RML）固定化在辛基琼脂糖上，涂覆的聚烯丙基胺（PAA）能发挥约 4 倍的稳定作用，而与醛-葡聚糖的进一步交联则极大提高了其稳定作用，反应式如图 7-26 所示。与固定化的可溶性酶相比，新衍生物固定化 RML 的稳定性比未涂覆的固定化 RML 高 440 倍以上，并且催化活性高出 7 倍。

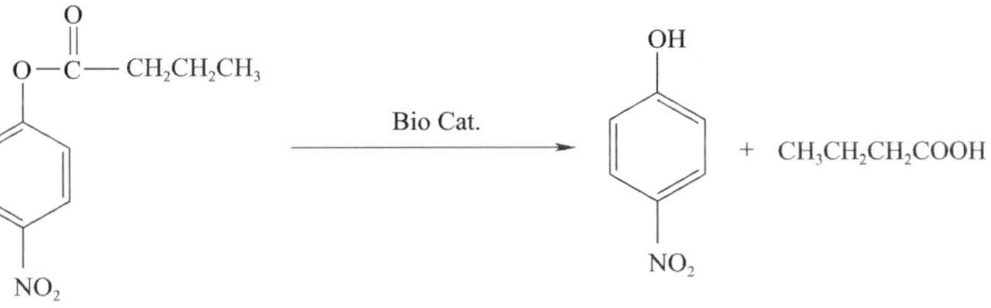

图 7-26　Lipase@ RML-PAA 生物复合材料催化酯水解反应

7.4.4　碳骨架多孔材料

1）碳多孔材料

碳多孔材料具有较大的比表面积，这为负载更多质量的酶提供了条件。碳多孔材料上含有羟基和羧基、内酯和酚基，它们允许离子相互作用，而且易于与交联剂形成稳定的共价键，能够有效地防止固定化酶的流失，这为共价固定化酶提供了先决条件。碳的疏水性促进了对脂肪酶的快速吸附，从而产生界面活化现象，即当脂肪酶达到脂/水界面时，界面活化的特征是活性迅速增加。脂肪酶会被吸附到疏水界面上，从而导致酶内部结构的变化，使 α-螺旋盖打开，活性中心暴露在底物上。一种预处理过的米根霉脂肪酶被固定化在硅胶表面，以多孔混凝土（PCM-1）和硅胶（PCM-2 和 PCM-3）作为固定化载体，将绵羊热霉菌脂肪酶（TLL）通过 EDC 分别共价固定化在 3 种多孔碳材料上，得到了重复性较好、稳定性较佳、活性较高的固定化产物，用于催化对硝基苯基棕榈酸酯（pNPP）的水解反应，反应式如图 7-27 所示。

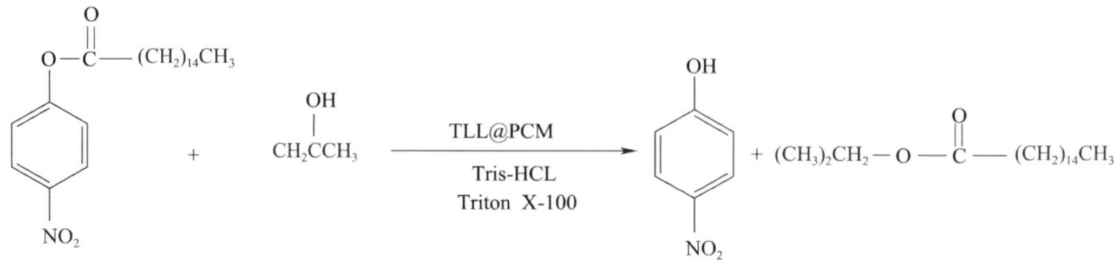

$$\text{O}_2\text{N-C}_6\text{H}_4\text{-O-C(=O)-(CH}_2)_{14}\text{CH}_3 + \text{CH}_3\text{CH(OH)CH}_3 \xrightarrow[\text{Tris-HCL, Triton X-100}]{\text{TLL@PCM}} \text{O}_2\text{N-C}_6\text{H}_4\text{-OH} + (\text{CH}_3)_2\text{CH}_2\text{-O-C(=O)-(CH}_2)_{14}\text{CH}_3$$

图 7-27 TLL-PCM 生物复合材料催化酯交换反应

2）碳纳米管

碳纳米管（CNT）内部可以采用包覆法固定化酶，有效地保护酶和防止酶的流失。通过浸渍方法将磁性氧化铁纳米颗粒负载到多壁碳纳米管（MWNT）上，再将解脂耶氏酵母脂肪酶共价固定化在该磁性纳米管上，利用磁性多壁碳纳米管-脂肪酶拆分庚烷溶剂中的（R，S）-1-苯基乙醇（反应式如图 7-28 所示），与天然脂肪酶相比，该固定化脂肪酶在庚烷中拆分（R，S）-1-苯基乙醇时具有较高的酶活性，且易回收。在超声处理该固定化脂肪酶长达 30min 后，磁性多壁碳纳米管-脂肪酶的催化作用几乎不受影响，而天然脂肪酶的催化活性随超声处理时间的延长而降低。

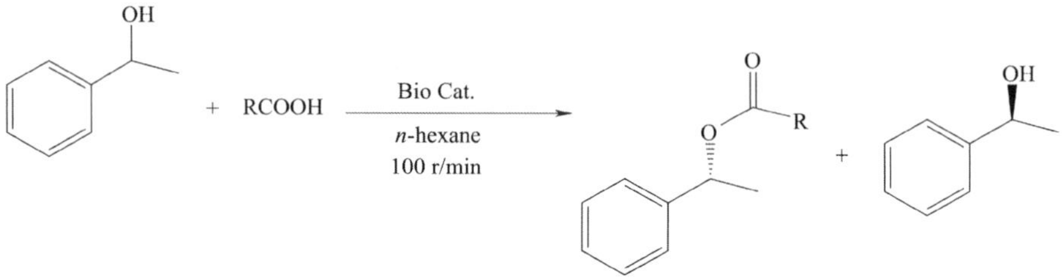

$$\text{C}_6\text{H}_5\text{CH(OH)CH}_3 + \text{RCOOH} \xrightarrow[n\text{-hexane, 100 r/min}]{\text{Bio Cat.}} \text{C}_6\text{H}_5\text{CH(CH}_3)\text{-O-C(=O)R} + \text{C}_6\text{H}_5\text{CH(OH)CH}_3$$

图 7-28 Lipase@ MWNT 生物复合材料催化酯化反应

南极假丝酵母脂肪酶 B（CALB）通过非共价固定化在多壁碳纳米管上，并在基于纳米生物催化剂和 1，5-戊二醇的新型催化/引发体系下，利用 CALB-CNT 制备 ε-已内酯（CL）和碳酸三亚甲基酯（TMC）的无金属（共）聚合物反应式如图 7-29 所示。

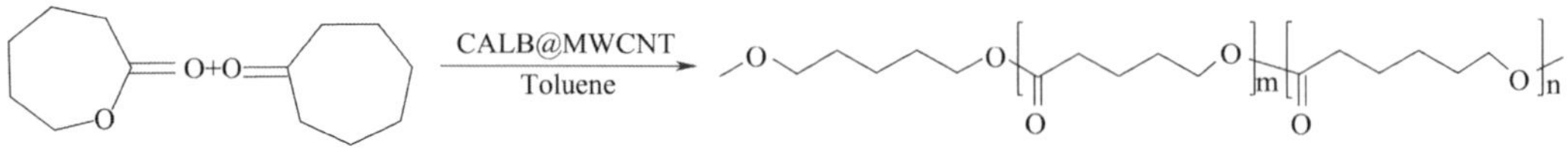

$$\text{CL} + \text{TMC} \xrightarrow[\text{Toluene}]{\text{CALB@MWCNT}} \text{-O-(CH}_2)_5\text{-O-[C(=O)-(CH}_2)_5\text{-O]}_m\text{-[C(=O)-(CH}_2)_5\text{-O]}_n\text{-}$$

图 7-29 CALB@ MWCNT 生物复合材料催化聚合反应

7.4.5 氧化硅骨架多孔材料

1）分子筛

分子筛具有很多可用于固定化脂肪酶的优势，如有清晰、高度有序的孔道分布和极高的内表面积(可高达 $600g/m^2$),孔径单一,孔径大小的可调控范围较宽,这不仅能够有选择性地对特定大小的酶进行有效的固定化,防止固定化过程中酶的流失,还能提高负载量。分子筛的主要成分是硅酸盐,在 PBS 缓冲溶液中固定化酶时对酶的吸附性能较佳,反应过程中,能够减少极性溶剂对酶的解吸附作用,防止酶的流失。

利用 MCM-41 和 Al-MCM-41 分子筛固定化几种脂肪酶,并用于乙酸与乙醇的气相酯化反应,反应式如图 7-30 所示,酯化反应中截留在 MCM-41 和 Al-MCM-41 孔中的酶的活性顺序为 OF(根瘤菌脂肪酶) < FAP-15(米根霉脂肪酶) < LEX(爪哇毛霉菌脂肪酶) < PS(假单胞菌洋葱脂肪酶) < AK(荧光假单胞菌脂肪酶),而且在 25 ~ 45℃进行的实验表明该固定化脂肪酶的活性不受温度影响,这表明酶被有选择性地固定在分子筛孔中,能够有效避免失活或自溶等问题。

$$CH_3COOH + HOCH_2CH_3 \xrightarrow[\text{gas phase, }25℃\ \ 1h]{\text{Bio Cat.}} CH_3COOCH_2CH_3 + H_2O$$

图 7-30 Lipases@ MCM 生物复合材料催化气相酯化反应

以戊二醛作为交联剂,用分子筛固定化脂肪酶,在 55℃条件下反应 2h 后,酶活力只损失了 12%,催化对 4-硝基苯基棕榈酸酯(4-NPP)的水解反应式如图 7-31 所示,在 8 个循环后仍能保持 85% 的酶活力。与游离酶相比,该固定化酶在 pH7.5 ~ 9.0 范围内稳定,用有机溶剂洗涤后没有变性,稳定性大大提高。

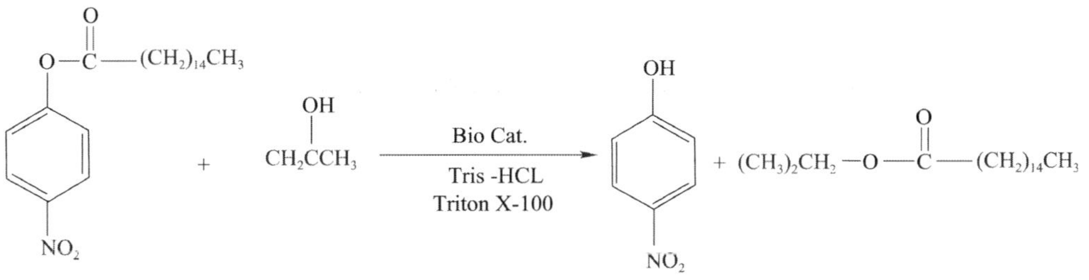

$$4\text{-}NO_2C_6H_4\text{-}O\text{-}C(=O)\text{-}(CH_2)_{14}CH_3 + CH_3CH(OH)CH_3 \xrightarrow[\text{Tris -HCL, Triton X-100}]{\text{Bio Cat.}} 4\text{-}NO_2C_6H_4OH + (CH_3)_2CH_2\text{-}O\text{-}C(=O)\text{-}(CH_2)_{14}CH_3$$

图 7-31 Lipase@ Zeolites 生物复合材料催化酯交换反应

2)二氧化硅

二氧化硅固定化酶的方法主要是先通过伯胺对其表面进行修饰,再通过戊二醛两端的醛基分别与该氨基和酶中氨基进行共价连接,进而达到固定化酶的目的,具有无化学反应性和吸附性能良好的优点,还可以采用吸附方式固定化酶。将猪胰腺脂肪酶(PPL)共价固定化在多孔二氧化硅颗粒表面上,该颗粒被不同表面活性基团修饰过,在每克载体上可以获得 86.2 ~ 158.2mg 的天然 PPL 偶联收率,在更高的温度下,该固定化 PPL(IPPL)能够在离子液体介质中成功催化聚己内酯(PCL)和聚(5,5-二甲基-1,3-二恶烷-2-酮)(PDTC)的合成反应,反应式如图 7-32 所示,而且具有长期高温稳定性,有助于固定化和离子液体效果的良好结合。然而,天然 PPL 不能用于合成任何聚合物,这表明 IPPL 具有比天然 PPL 较高的催化活性,还显示了在离子液体介质中的 IPPL 对聚合反应的催化活性与固定化酶和环状单体的性质都有十分密切的关系。

IPPL 在 pH7.6 和温度 40 ~ 50℃条件下催化橄榄油的水解反应,固定化脂肪酶重复催化反应 8 次后,还具有初始活性的 73.5%,而游离脂肪酶活性在 2d 内损失了 50%。这证明了固定化酶在连续多次循环利用后仍保持较高的活性,酶的稳定性得到提高。

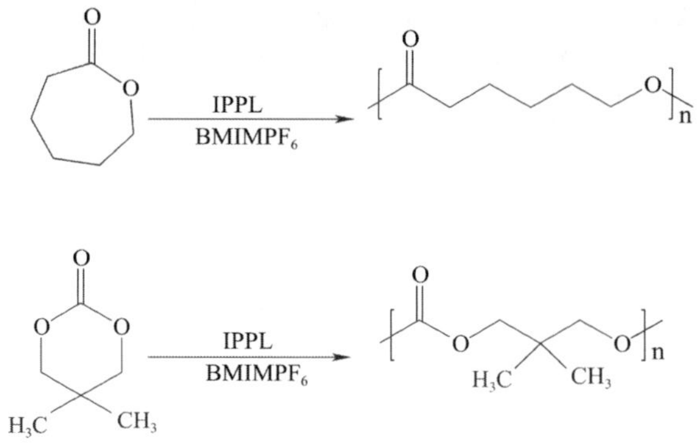

图 7-32　IPPL 生物复合材料催化聚合反应

7.4.6　多孔陶瓷材料

多孔陶瓷材料的固定化原理与二氧化硅一样。多孔陶瓷的主要成分也含有硅酸盐,且具有较大孔径,能够较好地吸附酶,其较高的开口气孔率能够为酶的固定化提供较多进入路径,进而提高固定化酶的量。同时,在强酸、强碱和有机介质中也有较好的稳定性,能够保护酶活性和防止酶被污染。此外,多次使用后,用气体或者液体洗涤,依旧能够恢复其原来的过滤性能和清洁性,这无疑有利于回收利用。

将脂肪酶(PS)固定化在多孔陶瓷载体(TN-M)上,该陶瓷材料以高岭石矿物为原料,采用水热法制备。与其他工业固体载体相比,TN-M 载体对脂肪酶的固定化具有较高的稳定性和选择性,PS@ TN-M 对有机底物的催化活性均高于游离粗酶,还能从粗酶中选择性地富集脂肪酶蛋白,反应式如图 7-33 所示。

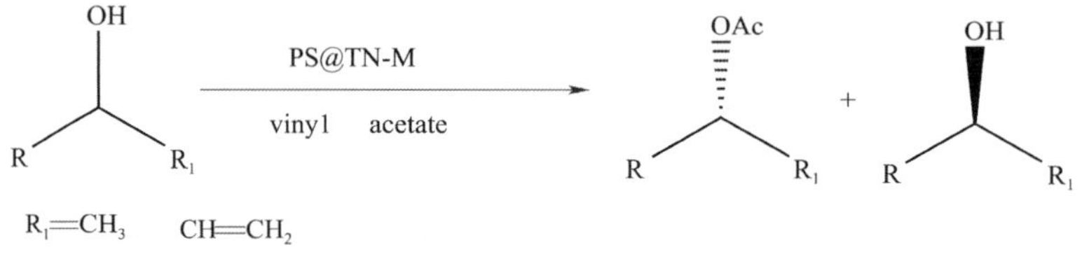

图 7-33　PS@ TN-M 生物复合材料催化酯交换反应

使用多孔陶瓷固定化脂肪酶(PS-CⅡ),并用于催化乙酸乙烯酯在丙酮中低温拆分 5-羟甲基-3-苯基-2-异恶唑啉(±)-1 的反应,反应式如图 7-34 所示。游离 PS-CⅡ的对映体选择性较低(E = 5.9),而 PS-CⅡ的对映体选择性得到显著提高,最高可达 249(60℃),进一步扩大了低温方法的应用范围。此外,这是第一例报道的脂肪酶催化拆分异恶唑啉衍生物(±)-1,具有实际可行性和较高的对映体选择性。

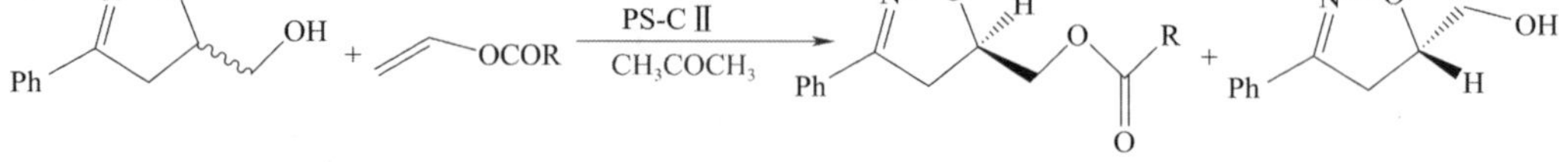

图 7-34　PS-CⅡ生物复合材料催化酯交换反应

通过戊二醛将假丝酵母脂肪酶固定化在多孔陶瓷块 Man-8 上，并作为甘露醇和脂肪酸乙烯基酯制备油胶凝剂的催化剂，反应式如图 7-35 所示。与天然脂肪酶相比，固定化脂肪酶的稳定性明显提高。在固定化脂肪酶的催化下，经过 48h 的反应，该油胶凝剂的产率可达 78% 以上。该研究不仅为制备稳定的脂肪酶生物催化剂提供了一种方法，而且为油胶凝剂的工业化生产提供了新的途径。

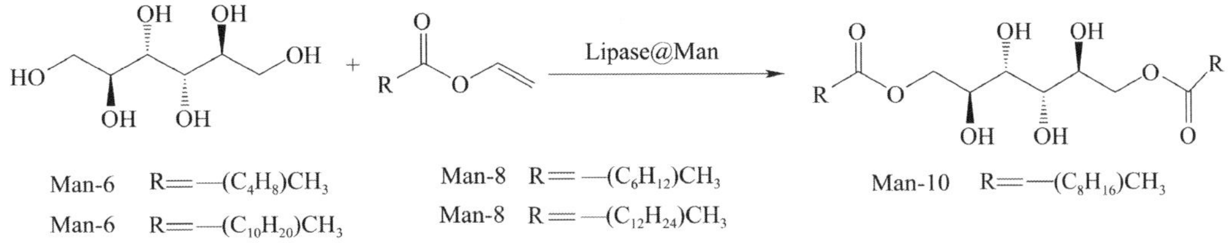

Lipase@Man

Man-6　R═—$(C_4H_8)CH_3$　　Man-8　R═—$(C_6H_{12})CH_3$　　Man-10　R═—$(C_8H_{16})CH_3$

Man-6　R═—$(C_{10}H_{20})CH_3$　　Man-8　R═—$(C_{12}H_{24})CH_3$

图 7-35　Lipase@ Man 生物复合材料催化酯交换反应

7.4.7　聚合物类多孔材料

1）大孔树脂

大孔树脂（MPR）是一类吸附性能良好的有机高分子聚合物材料。大孔树脂由三维立体孔结构组成，孔径和比表面积较大，热稳定性较高，在水溶液和非水溶液中都能利用，这更有利于酶活性的提高。最重要的是，其优良的吸附性能和筛选原理能够选择性地固定吸附分子量大小不同的物质，固定化效果极佳，并可通过洗脱剂洗涤而达到分离目的。由于孔隙率较高，能够可调控地固定化脂肪酶。

将假丝酵母脂肪酶通过京尼平交联固定化到两种中孔树脂中，在最佳条件下，当京尼平浓度为 0.5% 时，在树脂 NKA-9 上固定化的脂肪酶的活性回收率可达到 96.99%，对于含量为 0.2% 的 S-8 则可达到 86.18%。与使用戊二醛作为交联剂相比较，使用京尼平交联固定化的脂肪酶具有较高的 pH 和热稳定性、储存稳定性及可重复使用性。此外，在 6 个水解循环后，使用京尼平作为交联剂的固定化脂肪酶的残留活性保持其初始活性的 60% 以上，而使用戊二醛作为交联剂则仅保留约 35% 的活性。脂肪酶（BCL）固定化于大孔树脂（MPR-NKA）上，得到 BCL@ MPR-NKA 复合材料，以 1-苯基乙醇与乙酸乙烯酯的外消旋酯交换反应作为模型反应，进行催化反应，反应式如图 7-36 所示。与游离酶相比，固定化 BCL 的酶活性和对映体选择性得到了显著提高，在 10 ~ 65℃ 范围内显示出较理想的热稳定性和较高的催化效率。固定化脂肪酶连续使用 30 多个批次后仍保持较高的活性。另外，与其他固定化脂肪酶相比，固定化 BCL 具有更好的催化效率。

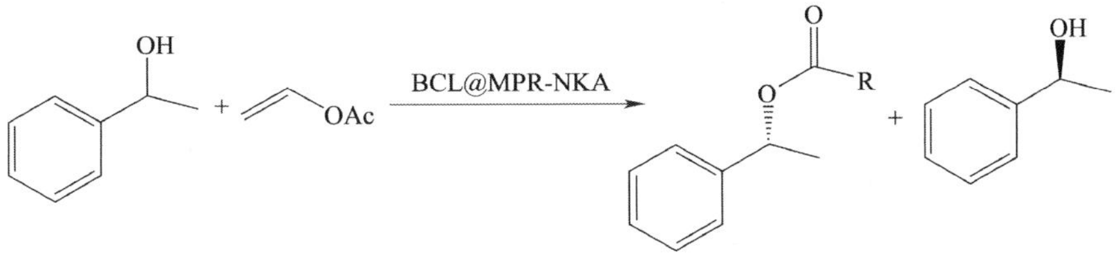

BCL@MPR-NKA

图 7-36　BCL@ MPR-NKA 生物复合材料催化酯交换反应

将黑曲霉脂肪酶(ANL)固定化在6种不同的大孔丙烯酸树脂上,并把6种不同的ANL-丙烯酸树脂复合材料用于催化高酸酱油的渣油(SSR),脱酸生成二酰基甘油。

树脂MARE具有较低孔隙率、较高堆积密度和中等疏水性的优点,且具有最佳热稳定性和可重复使用性,因而被选为脂肪酶的最佳固定化载体,与固定化的南极洲念珠菌脂肪酶(Novozym435)相比,ANL-MARE生物复合材料不仅具有较高的脱酸活性和良好的热稳定性,而且连续使用15个循环仍有良好的活性。

2)多孔壳聚糖

壳聚糖是一类比较受关注的固定化材料,具有较好的生物降解性、生物相容性和生物效应。另外,壳聚糖的C_2位分别被氨基和乙酰胺取代,还有羟基,从而具有较好的化学修饰、活化、偶联性能,这为在共价交联中有效固定化酶和提高酶活性提供了基础,也因此具有较好的吸附性、吸湿性和保湿性,溶解后易形成凝胶。此外,壳聚糖在有机溶剂中稳定性较强,能够在有机溶剂中很好地保护酶。

将根瘤菌脂肪酶(RM)固定化在不同的改性壳聚糖微球上,用于催化向日葵油与棕榈酸、硬脂酸中游离的脂肪酸之间的酸解反应。改性的壳聚糖颗粒比未改性的壳聚糖颗粒更大,疏水性更高。活性最高的壳聚糖固定化RM使棕榈酸和硬脂酸的组成发生了变化,从原油中的9.6%变化到最终结构化脂质中的49.1%,超过了几乎3倍的酶活化效果。

经修饰的壳聚糖对于吸附和过度活化RM是有效的。使用交联性能比戊二醛更好的物质——二乙烯基砜(DVS)——作为固定化酶的交联剂,将南极假丝酵母脂肪酶B(CALB)固定化在壳聚糖上。固定化酶在pH10.0时催化性能最佳。利用该脂肪酶-壳聚糖复合材料对己酸乙酯的水解进行生物催化,反应式如图7-37所示,在pH5.0下酶活性为14520.37U/g。使用二乙烯基砜活化的壳聚糖对脂肪酶进行固定化成功地提高了酶的稳定性,具有不错的前景。

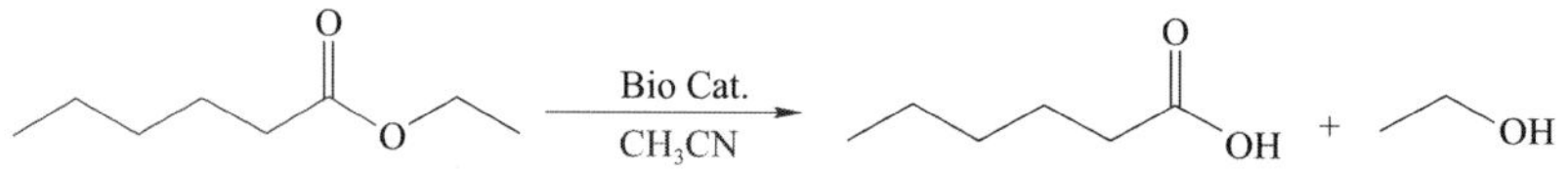

图7-37 CALB@ Chitosan-DVS生物复合材料催化酯水解反应

在固定化脂肪酶领域,多孔材料具有比表面积大、孔隙率较高、稳定性较佳、吸附性能良好等优势。同时,多孔材料能够有效地解决固定化酶中存在的易失活、难回收利用、催化活性低以及成本高昂等问题。聚合物多孔材料等在固定化脂肪酶方面的应用表明了多孔材料对固定化脂肪酶的良好效果,但从现实情况和固定化酶的长远发展来看仍然有很多挑战。一方面,大多数固定化酶的载体主要研究对象是脂肪酶,而对蛋白酶类、氧化还原酶类、转移酶类、裂合酶类和合成酶类的报道相对较少,而且对酶结构信息的研究也不深入、不完善。另一方面,很多固定化酶的材料合成成本和条件相对较高,如MOF和COF材料,这是科研工作者无法避免的现实问题。不过随着科研人员综合素质的不断提高和各种基础研究设施的完善以及方法条件的改进,以上问题的解决具有了一定的条件支撑。此外,随着研究的深入,合成生物杂化催化剂以及酶与其他催化剂的协同催化反应具有较高的研究价值和发展前景,这为生物催化的发展提供了更多的可能,进而也能更好地为医药、工业生产、纺织和材料制造业等服务。

8 壳聚糖智能靶向系统

8.1 壳聚糖微球

8.1.1 壳聚糖

壳聚糖(chitosan)是甲壳素的衍生物。甲壳素、壳聚糖、羧甲基壳聚糖的结构式如图 8-1 所示。壳聚糖的主要优点是天然丰富、无毒和可生物降解性。壳聚糖容易被加工成凝胶、膜、纳米纤维、微珠、微粒、纳米颗粒、支架和海绵,因此得到广泛的应用。在污染治理方面,壳聚糖分子由于有羟基、氨基及质子化 NH_3^+ 的存在,常用作絮凝剂和水凝胶珠。壳聚糖水凝胶珠制备简单,并且该方法能够使聚合物链膨胀,降低结晶度,改善对内部活性部位的访问,用于吸附污染物。以壳聚糖作为靶向性载体材料处理污染具有优势,因为壳聚糖具有大量的活性能作为活性位点的官能团。磁性壳聚糖微球作为酶的固定化载体,可使酶容易回收并能够重复利用。

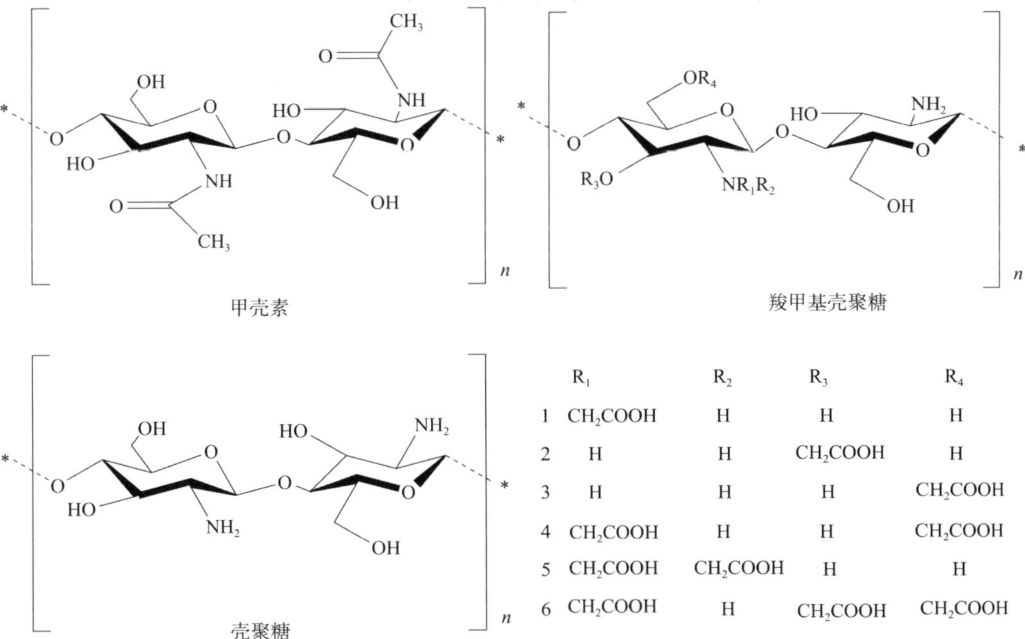

	R_1	R_2	R_3	R_4
1	CH_2COOH	H	H	H
2	H	H	CH_2COOH	H
3	H	H	H	CH_2COOH
4	CH_2COOH	H	H	CH_2COOH
5	CH_2COOH	CH_2COOH	H	H
6	CH_2COOH	H	CH_2COOH	CH_2COOH

图 8-1 甲壳素、壳聚糖、羧甲基壳聚糖的结构式

8.1.2 壳聚糖智能靶向胶囊降解油污

以果胶-壳聚糖聚合物为主要原料,制备智能化油脂降解靶胶囊。但空心胶囊靶向性、pH依赖性或时间依赖性仍存在一些问题,例如靶向性定位不准确;细菌/酶触空心胶囊涂有明胶胶囊,但包衣材料为偶氮化合物,对微生物有一定的毒副作用。果胶-壳聚糖聚合物原料丰富,天然安全,可在乳化油中降解。因此,果胶-壳聚糖聚合物可作为乳化油靶向胶囊的新材料。

果胶是植物细胞壁的组成成分,通常从经济植物(如柑橘、甜菜、苹果等)中分离出来。果胶可生物降解、无毒、生物相容和可再生。此外,果胶可以很容易地被修饰,并且具有与金属离子和酶形成许多配合物的显著能力。果胶-壳聚糖聚合物含量与胶囊的透水气性有着直接的关系,而卡拉胶和淀粉的阻水性相对较差,当果胶-壳聚糖聚合物在固形物中的比例(质量分数)增加时,胶囊的阻水性也会增强。随着甘油含量的增加,水蒸气透过系数呈现出先减小后增大的趋势,当甘油含量为1%(体积分数)时,水蒸气透过系数最小,之后随着甘油含量的增加,水蒸气透过系数逐渐增大。原因可能是甘油可以很容易地插入大分子物质之间,从而增强聚合物中的刚性结构,增强了阻水性能;随着甘油含量的逐渐增加,甘油分子的亲水特性增加了聚合膜的含水量,从而使聚合膜的水蒸气渗透性能增加。

随着干燥温度的升高,水蒸气透过系数呈现出先减小后增大的趋势,当干燥温度为60℃时,水蒸气透过系数最小,之后随着干燥温度的升高,水蒸气透过系数逐渐增大。原因可能是干燥温度的升高加剧了胶液中大分子聚合物链段的运动,从而形成致密度高的立体网状结构;也可能是加热改变了胶液中大分子的结构,从而增加了可与其他物质进行作用的氢键,聚合膜结构变得致密,从而水蒸气透过系数减小,但是当温度继续升高时,大分子聚合物内部的链段运动加速。

通过对嗜油菌释放率的测定,分析了果胶-壳聚糖聚合物比例对嗜油菌释放度的影响,当其含量占胶液中固形物的比例为40%~50%时,在模拟胃液里嗜油菌不释放,在乳化油液中,嗜油菌的总释放率超过92.46%,达到乳化油靶向胶囊的要求。

8.1.3 壳聚糖及其衍生物的修饰策略

对壳聚糖进行修饰可以改变壳聚糖的物理和化学性质,从而达到改善壳聚糖的溶解度、亲水性、亲脂性、靶向性,改变纳米粒子的粒径和Zeta电位等,使得壳聚糖衍生物具有更加广阔的应用空间。

羧甲基壳聚糖(carboxymethyl chitosan,CMC)是壳聚糖的羧甲基衍生物,具有较好的pH敏感性。

在叶酸修饰的壳聚糖衍生物中,叶酸的取代度一般小于10%,因此壳聚糖的C_2氨基和C_6羟基依然可作为活性位点进行化学修饰,从而对叶酸-壳聚糖衍生物进行进一步的改性。其结构修饰策略如图8-2所示。这些功能基团可以是亲水基团、疏水基团、磁性材料基团,可以是单一修饰或组合修饰,不同的功能基团给予壳聚糖不同的性质。叶酸-壳聚糖衍生物经过功能基团的进一步修饰后,可以提高载药量、改变纳米粒子的粒径分布、赋予材料磁响应和温度敏感等特性。

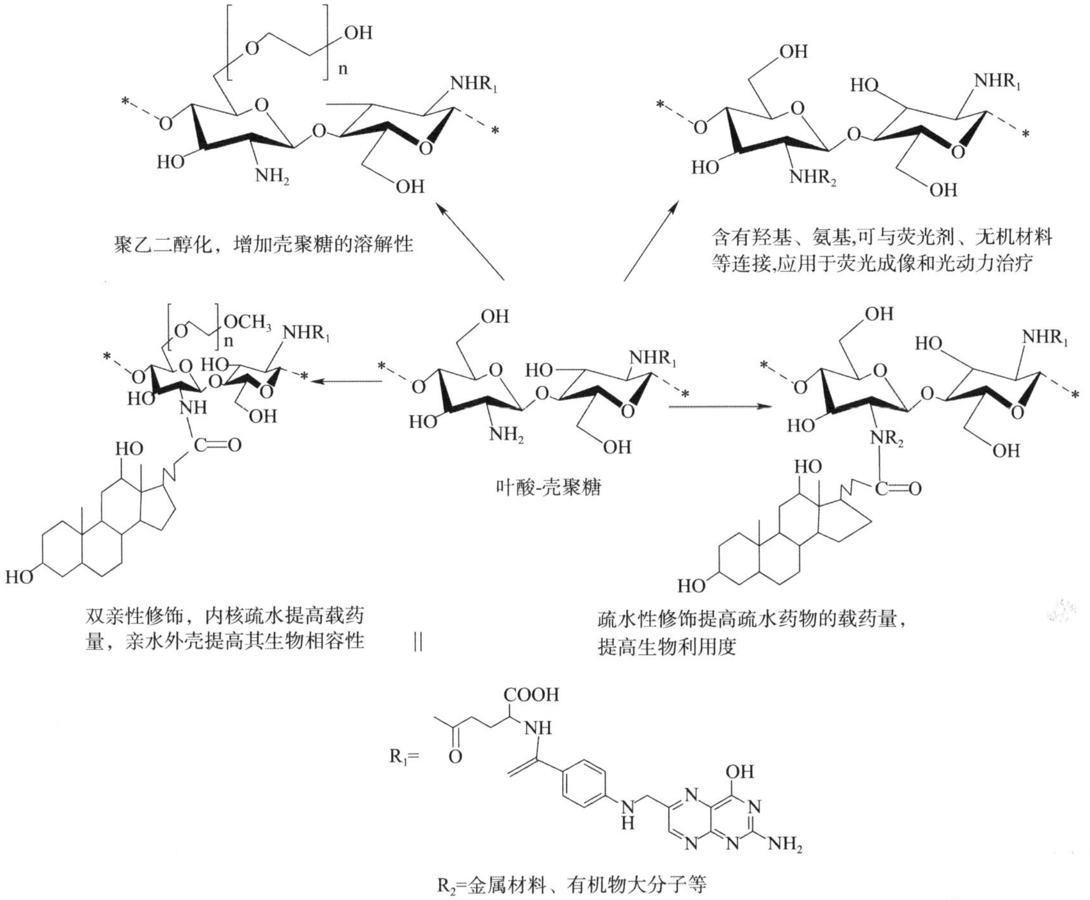

聚乙二醇化，增加壳聚糖的溶解性

含有羟基、氨基,可与荧光剂、无机材料等连接,应用于荧光成像和光动力治疗

叶酸-壳聚糖

双亲性修饰，内核疏水提高载药量，亲水外壳提高其生物相容性

疏水性修饰提高疏水药物的载药量，提高生物利用度

R_2=金属材料、有机物大分子等

图 8-2　叶酸-壳聚糖的修饰策略

8.2　磁性壳聚糖粒子

20 世纪 70 年代中期,纳米或微米级的磁性粒子就已经被应用于生物和医学领域。磁性壳聚糖微球的壳层与磁核的结合主要是通过范德华力、氢键、配位键的作用。磁性粒子主要有磁铁矿、Fe_3O_4、铁矿石、γ-Fe_2O_3、锶铁氧体、铁磁流体和磁性钴,其中 Fe_3O_4应用最为广泛。磁性氧化铁纳米粒子的制备方法主要有化学共沉淀法、微乳液法、水热法、热分解法、溶剂热法、自组装法、多元醇合成法、溶胶-凝胶法、微波等离子体法、冷冻干燥法等。其中,化学共沉淀法、微乳液法、水热法和热分解法一般用来合成粒径小于 30nm 的磁性氧化铁纳米粒子;溶剂热法和自组装法一般用来合成粒径大于 100nm 的磁性氧化铁纳米粒子。下面具体介绍几种主要方法。

1)共沉淀法和微乳液法

共沉淀法是应用最普遍的方法,但是粒子团聚比较严重,且放置时间久了 Fe_3O_4会沉淀在底部;粒子的粒径大小不容易控制。在微乳液中形成的纳米粒子是高度单分散的,长时间放置也不会沉淀。采用微乳液法合成 Fe_3O_4的操作简单,Fe_3O_4的粒径容易控制,形成的 Fe_3

O_4粒径非常小,而且非常均匀。

2)水热法

水热法是指在密封的高压容器中,以水为溶剂,在高温高压的条件下使前体溶解、反应、重结晶得到产物。

3)热分解法

热分解法制备磁性氧化铁纳米粒子是将金属有机物的前体(如 $Fe(CO)_5$、$Fe(CuP)_3$、$Fe(acac)_3$ 和铁的油酸盐复合物等)高温分解产生铁原子,铁原子生成铁纳米颗粒,最后将铁纳米颗粒控制氧化得到 Fe_3O_4。通过改变有机金属化合物、表面活性剂和溶剂的比例,反应时间和反应温度,可以控制磁性纳米粒子的性质。热分解法制备空心磁性氧化铁纳米粒子的示意图如图 8-3 所示。

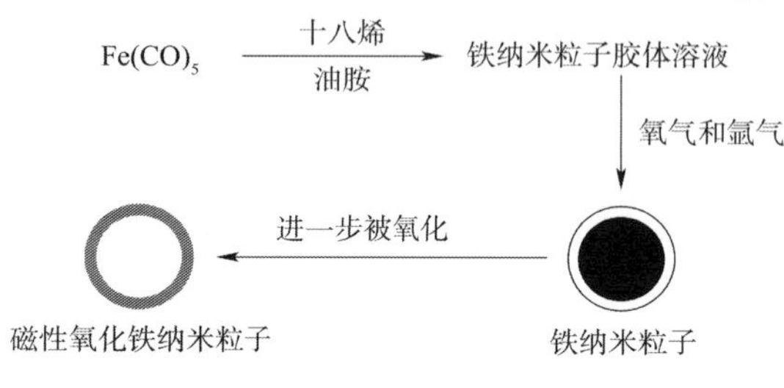

图 8-3 热分解法制备空心磁性氧化铁纳米粒子的示意图

高温下将 $Fe(CO)_5$注入十八烯和油胺的混合液中反应一段时间,形成铁纳米粒子的胶体溶液,然后向胶体溶液中通入氧气和氩气的混合气体,得到氧化铁纳米粒子。随着铁纳米粒子逐渐被氧化,空心的氧化铁纳米粒子自发形成。在铁表面形成第一层氧化铁是非常容易的,甚至在常温下都可以实现,反应温度和氧化时间都能够改变第一层氧化铁的厚度。通过透射电镜观察可知,在铁核和外层氧化铁粒子中间有一层非常薄的低密度区域。这主要是因为第一层氧化铁一旦形成,金属核的电子会转移到氧化铁层,使氧化过程得以继续,铁粒子扩散到氧化铁层,在纳米级柯肯特尔作用下产生空缺。此外,可采用铁的油酸盐复合物作为前体进行热分解反应。首先,用 $FeCl_3 \cdot 6H_2O$ 和油酸钠原位合成铁的油酸盐复合物,在不同的温度(240~320℃)、不同的有机溶剂(如十六碳烯、十八烯、二十碳烯和辛胺)下合成氧化铁纳米粒子。在不同温度下合成的 Fe_3O_4 的粒径为 5~22nm。热分解法制得的纳米颗粒结晶度高、晶型好、粒径可控且分布窄、单分散性好。但是,高温反应容易诱导成核现象的产生,导致颗粒团聚。

4)溶剂热法

溶剂热法是在水热法的基础上发展起来的,指在密闭体积内,以有机物或非水介质为溶剂,在一定的温度和溶液的自生压力下,使混合物进行反应的一种方法。其反应驱动力为可溶的前体或中间产物与稳定新相间的溶解度差。采用溶剂热法合成 Fe_3O_4,以 $FeCl_3 \cdot 6H_2O$ 为铁源,采用乙二醇作为溶剂并对三价铁离子进行部分溶剂热还原,以乙酸钠为碱源,反应生成 Fe_3O_4。

乙酸钠的加入主要有两方面的作用:第一,乙酸钠起到反应助剂的作用,没有乙酸钠的加入,无法进行乙二醇对三价铁离子的还原,进而生成 Fe_3O_4。第二,乙酸钠作为阴离子表面活性剂,可以在体系中增大颗粒间的空间位阻,从而减少颗粒的团聚。乙酸钠的羧酸基团与颗粒表面优先结合,而颗粒的外表面则为带有正电荷的 Na^+,每个颗粒表面带有同种电荷,从而增加了其表面的静电位阻,使颗粒间彼此排斥而达到分散的状态。制备的 Fe_3O_4平均粒径为 300nm,粒径分布窄,亲水性好,有很好的生物相容性。在合成 Fe_3O_4时加入柠檬酸钠,有以下作用:第一,柠檬酸钠的羧酸盐基团能够与三价铁离子紧密结合,从而使羧酸盐基团

紧密结合在 Fe_3O_4 晶体的表面，能够防止 Fe_3O_4 团聚。第二，柠檬酸钠的浓度能够影响 Fe_3O_4 的粒径。当柠檬酸钠的浓度从 20mmol/L 增加到 51mmol/L 时，得到的 Fe_3O_4 粒径从 300nm 减小到 170nm。柠檬酸钠的浓度越高，Fe_3O_4 的粒径越小。第三，提高 Fe_3O_4 在极性溶剂中的分散性。第四，降低 Fe_3O_4 的晶化程度。反应温度、反应时间和原料的初始浓度都能影响 Fe_3O_4 的性质。溶剂热法制备的磁性纳米颗粒晶型好、粒径可控且分布窄、单分散性好。

8.3 磁性壳聚糖微球的制备及改性方法

磁性微球在空气或酸性条件下容易氧化和磨损，保持这些粒子在环境中长期稳定而不发生沉淀或聚集是一个重要课题。许多研究致力于通过应用各种物质(如碳酸、二氧化硅、蛋白质、氨基酸、聚合物等)来修饰这些核动力源的表面。氧化铁纳米复合材料的设计和合成在过去二十年中受到了极大关注。聚合物具有高的加工性能，制造简单，成本低，轻巧灵活，这些特性使它们得到广泛的应用。与纯金属氧化物和纯聚合物相比，磁性微球聚合表现出更好的热、光学、电子和机械性能。壳层壳聚糖可以与其他材料，如药物、抗原、抗体、酶和金属离子等结合。因此，磁性壳聚糖微球在靶向药物、酶的固定化、细胞快速分离、疾病诊断和废水处理方面有着广阔的应用前景。磁性壳聚糖微球的结构如图 8-4 所示。

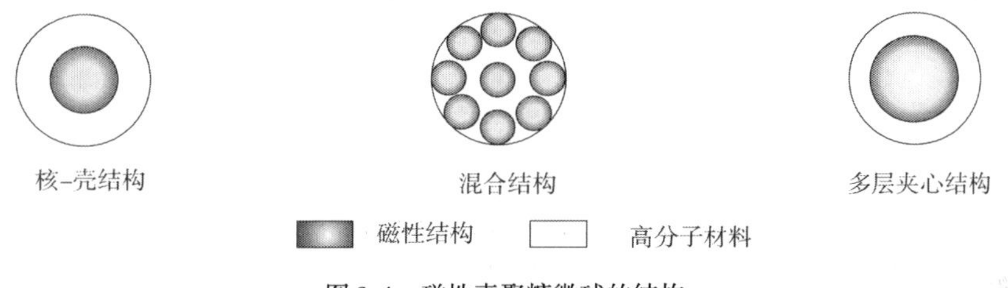

图 8-4　磁性壳聚糖微球的结构

8.3.1　磁性壳聚糖微球的制备方法

磁性壳聚糖微球的合成方法主要有乳化交联法、喷雾干燥法、光化学法、原位法、聚合物微凝胶模板法、共沉淀法和活性膨胀法。其中，乳化交联法应用最为广泛。

1)乳化交联法

乳化交联法合成磁性壳聚糖微球是将 Fe_3O_4 在超声作用下，分散在含有壳聚糖、表面活性剂和分散介质的溶液中，形成油包水微乳液体系，壳聚糖被交联成网格状，从而将 Fe_3O_4 包裹在其中，如图 8-5 所示。

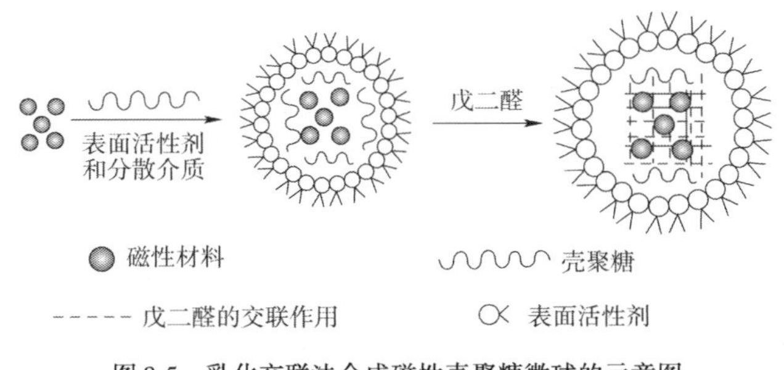

图 8-5　乳化交联法合成磁性壳聚糖微球的示意图

壳聚糖的表面呈网状结构，具有轻微的起皱，而磁性壳聚糖微球由于戊二醛的交联形成了表面光滑、规则的球形结构（图8-6）。采用光学显微镜对磁性壳聚糖微球进行观察（图8-7），可见磁性粒子被均匀地包覆在微球内。

影响磁性壳聚糖微球性质的因素有：

(1)搅拌速度。随着搅拌速度的增加，磁性壳聚糖微球的尺寸逐渐减小。

(2)壳聚糖的分子量。壳聚糖的分子量不能明显改变磁性壳聚糖微球的大小。

(3) Fe_3O_4 和壳聚糖的质量比。最佳的实验条件为 Fe_3O_4 和壳聚糖的质量比为1:1。

(4)壳聚糖和冰乙酸的比例。溶液中壳聚糖的比例越高，溶液越黏稠，壳聚糖越难分散，得到的磁性壳聚糖微球越大。

(5)戊二醛的浓度。戊二醛用量增大，产物颜色加深，这是由于表面交联层增厚所致。

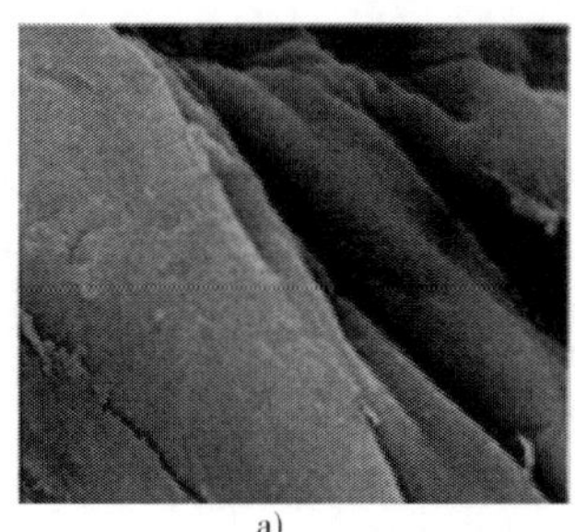

a)

b)

图8-6　扫描电子显微镜图

a)壳聚糖；b)磁性壳聚糖微球

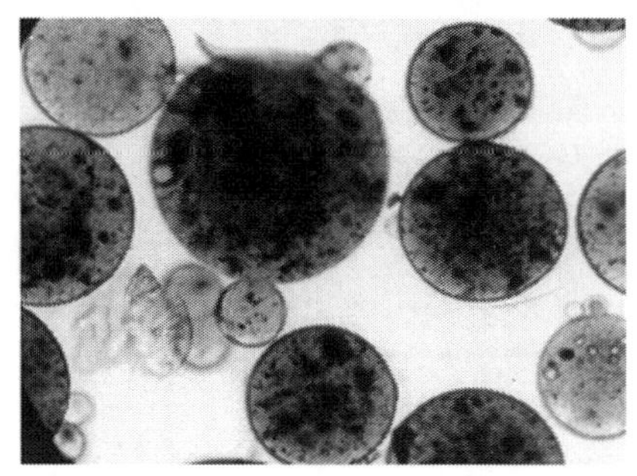

图8-7　磁性壳聚糖微球光学显微镜图

2)喷雾干燥法

喷雾干燥法是通过机械作用，将需要干燥的物料分散成很细的像雾一样的微粒，然后与热空气接触，在瞬间将大部分水分除掉，使物料中的固体物质干燥成粉末。通过喷雾干燥法合成的磁性壳聚糖微球具有超顺磁性，且能稳定地分散在水中。壳聚糖分子表面富含氨基和羧基，与铁原子有着强烈的螯合作用，铁原子的3d空轨道与氨基的氮原子上的孤对电子或羟基的氧原子作用形成配位键，形成 Fe_3O_4/壳聚糖复合结构。对不同质量比例的 Fe_3O_4/壳聚糖（Fe_3O_4/壳聚糖 = 1.6，Fe_3O_4/壳聚糖 = 4.5），通过喷雾干燥法合成了磁性壳聚糖微球。合成的磁性纳米粒子包含55%的 Fe_3O_4 和45%的 Fe_2O_3。球形喷雾液滴在喷雾干燥装置内干燥时产生的蒸发冷凝作用使得经过喷雾干燥的磁性粒子的球形结构良好。

3)光化学法

当 Fe_3O_4 分散在壳聚糖乙酸溶液中后，Fe_3O_4 具有高的表面能，能够将壳聚糖分子吸附在它的表面。Fe_3O_4 的比表面积大于壳聚糖分子，Fe_3O_4 纳米粒子的光子吸收截面要比壳聚糖大得多，所以在光化学反应过程中，Fe_3O_4 纳米粒子能够吸收光子。

Fe_3O_4 纳米粒子表面的价带孔有着强烈的捕捉电子的能力，能够激发吸附在 Fe_3O_4 纳米粒子表面的壳聚糖分子形成壳聚糖自由基。H_2O_2 在紫外光的照射下形成的 ·OH 能够激发大量壳聚糖分子形成壳聚糖自由基，且在紫外光的照射下，能够直接产生壳聚糖自由基。带有自由基的壳聚糖重新结合形成磁性壳聚糖微球。X 射线分析可知，经过紫外光照射形成的磁性壳聚糖微球并没有改变 Fe_3O_4 的尖晶石结构。Fe_3O_4 和磁性壳聚糖微球都具有超顺磁性，Fe_3O_4 的饱和磁化强度为 69.8emu/g，磁性壳聚糖微球的饱和磁化强度为 48.6emu/g。Fe_3O_4 被壳聚糖包覆，饱和磁化强度降低。

4)原位法

首先，将 Fe^{2+} 分散在壳聚糖溶液中，在碱性环境中，NO_3^- 作为温和的氧化剂部分氧化 Fe^{2+}；然后，加入氨水使溶液变为碱性，壳聚糖溶解度下降，沉积在磁性粒子表面；最后，加入戊二醛，交联形成磁性壳聚糖微球。壳聚糖分子含有氨基，可与 OH^- 发生反应。当壳聚糖处在酸性环境中时，壳聚糖的自由氨基质子化生成 $CS-NH_3^+$，壳聚糖以液态形式存在；当处于碱性环境中时，壳聚糖发生沉淀，以固态形式存在。

壳聚糖是一种活泼的螯合剂，壳聚糖表面的氨基能够吸附溶液中的 Fe^{2+} 和 Fe^{3+}。当 pH 值为 2 ~ 5 时，壳聚糖能够螯合较多的 Fe^{2+} 和 Fe^{3+}。在合成磁性壳聚糖微球时，把胶囊状的壳聚糖水凝胶膜作为化学反应器。原位法合成的磁性壳聚糖微球，磁性粒子在壳聚糖内分散更均匀。

8.3.2 磁性壳聚糖微球的改性

磁性壳聚糖微球在诸多领域显示出非常广阔的应用前景，但它表面的功能基团单一，对各类污染物的吸附能力有限，对环境的适应能力也有限，因此，有必要对磁性壳聚糖微球进行改性。

磁性壳聚糖微球表面的化学性质决定了其吸附性能。化学性质主要由表面的化学官能团决定。根据表面化学官能团改性的位置不同，分为对壳聚糖的改性和对 Fe_3O_4 的改性。对壳聚糖的改性又分为有机阳离子改性、有机阴离子改性、不带电有机物改性、分子印迹改性、金属螯合改性。这些官能团通过静电吸引作用、螯合作用等吸附不同类型的污染物，提高磁性壳聚糖微球的吸附性能。

以硫脲改性磁性壳聚糖微球为例，其化学反应原理如图 8-8 所示，Hg^{2+}、Cu^{2+} 和 Ni^{2+} 吸附容量均随 pH 值升高而增加，在 pH7 附近容量较高。在较低 pH 值，硫脲改性磁性壳聚糖微球对金属离子的吸附容量较低，是由于氨基的质子化反应使能够有效络合金属离子的氨基数目减少以及 H^+ 的竞争吸附增强所致。硫脲改性磁性壳聚糖微球对 Hg^{2+} 吸附容量高于 Cu^{2+} 和 Ni^{2+}，说明硫脲改性磁性壳聚糖微球对 Hg^{2+} 吸附有较好的选择性。金属离子的吸附容量随温度的升高而下降，可能是由于金属离子与硫脲改性磁性壳聚糖微球吸附活性位之间的络合作用在较高温度时下降，以及硫脲改性磁性壳聚糖微球对金属离子的吸附为放热过程。

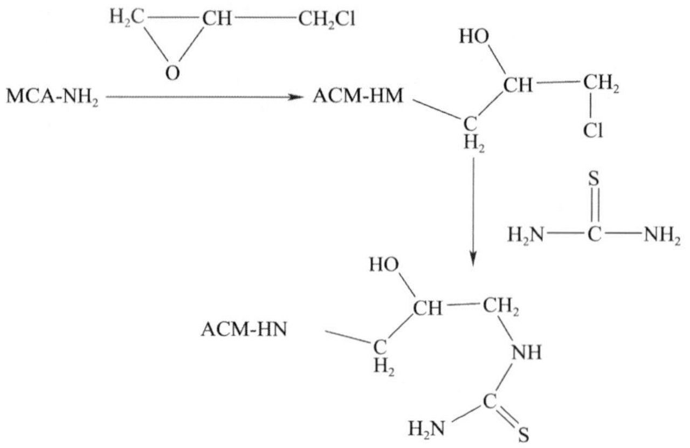

图 8-8 硫脲改性磁性壳聚糖微球的流程图

采用乙二胺对磁性壳聚糖微球进行氨基化改性可以提高功能基(氨基)的含量。随 pH 值升高,乙二胺改性的磁性壳聚糖微球吸附容量增加。当 pH >5 时,由于形成金属氢氧化物沉淀,离子吸附容量快速增加。Hg^{2+}吸附容量高是由于强酸性介质及高 Cl^- 浓度下,Hg^{2+}形成金属络阴离子,以离子交换机理进行吸附。

磁性壳聚糖微球及其衍生物主要是通过离子交换、物理吸附、化学键、范德华力等达到对环境污染物去除的目的。磁性壳聚糖微球含有丰富的基团,其在未改性的情况下就表现出优良的去除效果,改性之后性能明显优于磁性壳聚糖本身。

9 石油烃的生物降解原理

9.1 微生物利用石油烃的途径

石油烃类污染物是复杂的混合物，主要组分包括烃类、烯烃类、环烷烃类以及芳香烃类等，其主要元素是C、H、S、N、O，此外还含有微量的Fe、Ni、V、Cu等金属元素。

如图9-1所示，微生物降解石油烃的过程可分为石油烃的吸附、传递、吸收和降解。溢油组分烃属于弱极性或非极性化合物，而物质交换和输送的介质是强极性水。因此，吸收和利用疏水性底物是分析生物降解速率限制步骤的关键。细菌对底物吸收利用的基本过程可分为两个阶段。第一阶段是不溶性碳氢化合物通过乳化和增溶转化为细菌可接受的状态，然后转移到细胞表面与之接触，或细菌移动到碳氢化合物可接触的区域；第二阶段是碳氢化合物跨膜转运。由于烷烃几乎不溶于水，微生物降解是油、水、气、固多相共存体系。对于该体系，有许多理论模型，如细菌的直接摄取、界面接触和表面活性剂介导等。直接摄取模型适用于少量的可溶性粒径；界面接触模型主要取决于细胞黏附的表面积和细胞表面的疏水性；表面活性剂介导模型主要针对能产生表面活性剂的石油烃降解菌。聚合物载体密度低、可浮性好，原料为易降解的天然产物。聚合物表面呈现弱极性，能吸引油颗粒作为细菌生存的碳源。以大孔凝胶微载体靶向材料为例，海藻酸钙具有丰富的羧基(—COOH)和羟基(—OH)，PVA和海藻酸钙凝胶的表面产物可以通过离子相互作用形成。生物膜是石油烃降解菌分泌的代谢产物，能保护细菌免受恶劣环境的侵袭。在生物降解过程中，石油烃降解菌的代谢类型主要分为光能自养型、光能异养型、化能自养型、化能异养型。石油烃降解菌分泌的酶或表面活性剂起着重要的作用，将有机化合物降解成无毒的中间体或CO_2、H_2O。

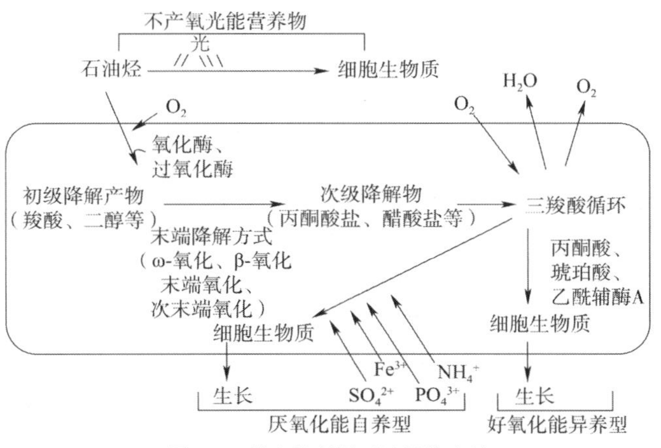

图9-1 微生物利用石油烃的途径

嗜油菌的生长繁殖需要碳、氢、氧、磷和其他各种矿物质元素。贫营养环境中,石油烃污染物为微生物生长提供了充足碳源,氮、磷元素的缺乏往往成为微生物生长的抑制因素。不同氮源的生物刺激来源倾向于不同的石油烃分解代谢途径,并不影响分类细菌群落结构,但添加营养素也能促进异养菌与石油烃降解菌形成竞争。添加三大营养物质(碳源、氮源、磷源)对废水中石油烃降解的促进作用十分显著,如果仅仅加入微生物而不添加营养物质,并不能有效促进生物降解。

9.2 烷烃的降解途径

在脂肪族碳氢化合物中,石油的主要成分是烷烃。细菌降解烷烃的能力将决定其分解柴油的总体能力。烷烃是饱和链烃。烷烃中的饱和链被描述为结构中碳和碳原子之间的单键。柴油中主要包括烷烃、异烷烃和环烷烃。一般来说,烷烃的生物降解是好氧反应的结果。有能力分解烷烃的好氧细菌将经历一些降解途径。

如图 9-2 所示,已知脂肪族烃化合物由长链和短链烷烃(正构烷烃)组成。脂肪族化合物的降解过程在单加氧酶和双加氧酶的帮助下开始。最初的降解过程发生在好氧条件下,通过向末端或亚末端碳中添加氧原子实现。在此过程中,通过聚合途径将脂肪族化合物转化为少量的中心中间体,如伯醇和仲醇。在乙醇脱氢酶的帮助下,醇被转化成醛,进而由醇脱氢酶和醛类反应生成脂肪酸。这些脂肪酸会与辅酶 A(CoA)反应,产生乙酰辅酶 A,烷烃转化的全过程也称为羧化反应。由此反应产生的乙酰辅酶 A 可进入中枢代谢途径,如三羧酸循环(Krebs 循环)。正构烷烃和异烷烃在进入细菌的中央代谢系统之前经历类似的途径。环烷烃的生物降解机制略有不同,只有部分种属的细菌可以直接使用环烷烃作为其代谢的唯一碳源。环烷烃降解的一个更常见的机制是细菌混合培养的共代谢。环烷烃的降解涉及环己烷单加氧酶,当分子氧可用时,它会攻击烷基侧链,此反应产生环己醇。环己醇进一步氧化脱氢酶(生成环己酮)、环己酮单加氧酶(生成 ε-己内酯)和 ε-己内酯水解酶生成己二酸作为中间化合物,然后己二酸经过 β-氧化过程产生乙酰辅酶 A,可以被细菌用作碳源。

烷烃和环烷烃的降解途径如图 9-3 所示。烷烃降解的生化机理是 β-氧化和充氧作用。研究最多的是正烷烃的降解。在绝大多数情况下,正烷烃的生物降解最初是由与甲烷一氧化酶类似的复杂的一氧化酶系统酶促进行。在此过程中,烷烃氧化成相应的伯醇。伯醇在 β-氧化酶、丁基脱氧酶和硫酸酯酶的作用下,经由醛而转化成羧酸,很容易通过 β-氧化降解成少两个碳链长度的乙酞基 CoA,后者再进入三羧酸循环,分解成 CO_2 和 H_2O,并释放出能量,或再进入其他生化过程。关于烷烃降解过程中链烯是不是中间产物的问题仍存在争论。正十六碳烷嫌气细菌能将十六烷转化成相应的醇和烯,该过程在好气条件下亦能进行。有的微生物还可以通过亚终端氧化,使烷烃先生成酮,经氧化酶酶促生成醋,而后水解再氧化为酸的途径来降解烷烃。

对烯烃和炔烃的降解了解不多。细菌 *Mycobacterium Vaccae* 能将烯烃和炔烃代谢为不饱和脂肪酸并产生某些双键的位移或产生甲基化,形成带支链的饱和脂肪酸。终端烯容易被多种微生物降解,正烷烃一氧化酶能使烯酶促生成环氧化物。离不饱和较远一端甲基处的酶解,对这类化合物的降解可能具有更重要的意义。降解这些烃的微生物只是氧化甲基,虽然双键也可能被还原。由于β-氧化酶一般不能酶促支链烷的氧化，所以绝大多数能降解正构烃的微生物不能降解异构烃。单支链烷烃的氧化多从离支点最远的甲基处开始，但其降解的中间产物可能累积起来而不被进一步降解。

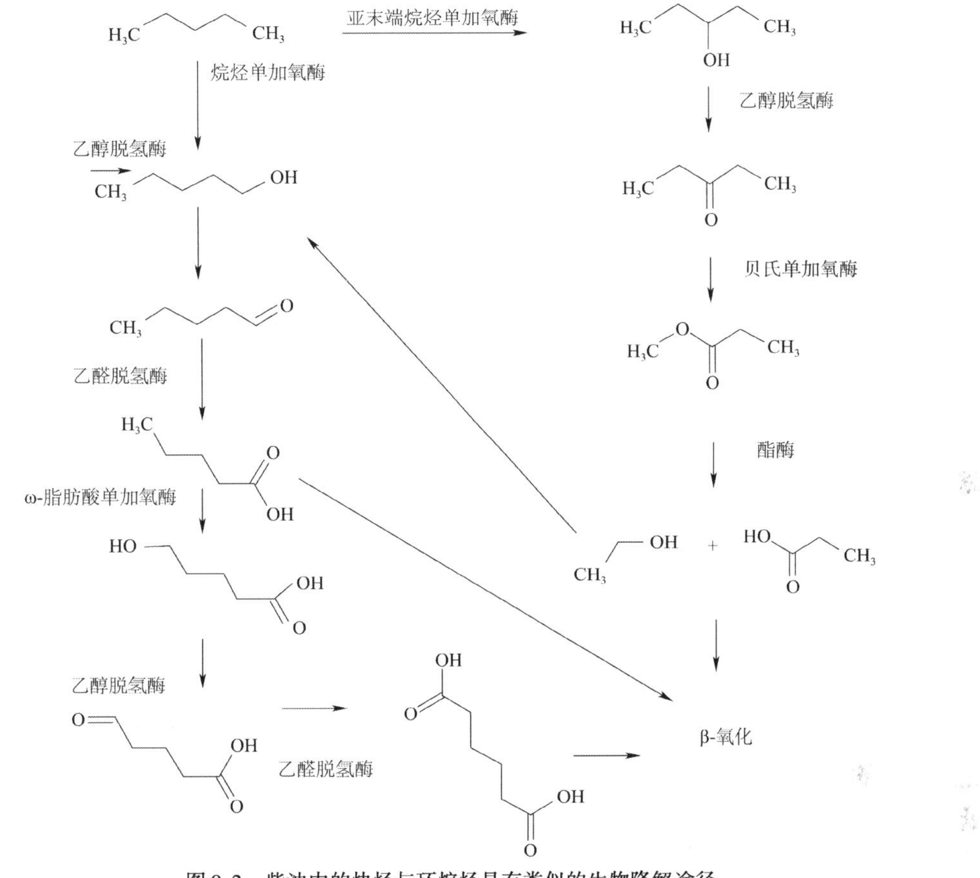

图 9-2　柴油中的炔烃与环烷烃具有类似的生物降解途径

$$R\text{-}CH_3 \xrightarrow[O_2]{\text{氧化酶}} R\text{-}CH_2OH \xrightarrow[O_2]{\text{氧化酶}} R\text{-}CH_2O \xrightarrow[O_2]{\text{氧化酶}} R\text{-}COOH$$

$$R_1\text{-}CH_2\text{-}CH_2\text{-}R_2 \xrightarrow{\text{氧化酶}} R_1\text{-}CH_2\text{-}CH(OH)\text{-}R_2 \xrightarrow[O_2]{\text{氧化酶}} R_1\text{-}CH_2\text{-}C(=O)\text{-}R_2 \xrightarrow[O_2]{\text{氧化酶}} R_1\text{-}CH_2\text{-}O\text{-}C(=O)\text{-}R_2 \longrightarrow R_1\text{-}COOH + R_2\text{-}COOH$$

$$\text{环己烷} \xrightarrow[O_2]{\text{氧化酶}} \text{环己醇} \xrightarrow{\text{脱氢酶}} \text{环己酮} \xrightarrow[O_2]{\text{氧化酶}} \text{内酯} \xrightarrow[O_2]{\text{氧化酶}} COOH\text{-}(CH)_4\text{-}COOH$$

$$\longrightarrow \text{乙酰辅酶A} \longrightarrow \text{三羧酸循环} \longrightarrow H_2O\text{和}CO_2$$

图 9-3　烷烃和环烷烃的降解途径

微生物攻击链烷烃的末端甲基，氧化酶催化生成伯醇，再进一步氧化为醛和脂肪酸，脂肪酸接着通过β-氧化进一步代谢。微生物攻击链烷的次末端，在链内的碳原子上插入氧，生成仲醇后进一步氧化，生成酮，酮再代谢为酯，酯键裂解生成伯醇和脂肪酸，醇接着氧化成醛、羧酸，羧酸则通过 β-氧化进一步代谢。不具备末端甲基的环烷烃由类似于上述次末端氧化的机制进行生物降解。

芳香烃由加氧酶氧化而邻位或间位开环。邻位开环生成己二烯二酸，再氧化为 β-酮己二酸，然后氧化为三羧酸循环的中间产物琥珀酸和乙酰辅酶 A。间位开环生成 2-羟己二烯半醛酸，进一步代谢生成甲酸、乙醛和丙酮酸。多环芳烃的生物降解，先是一个环的二羟基化、开环，进一步降解为丙酮酸和 CO_2，然后第二个环以同样方式分解。

烷烃(通式为 C_nH_{2n+2})是一种典型的饱和烃，结构特点是碳原子之间通过单键连接，呈链状。有氧时，微生物降解链烷烃的主要途径包括 3 种：末端氧化、次末端氧化和 ω-氧化。末端氧化过程中，链烷烃经过烷烃加氧酶的作用被氧化为伯醇；经过脱氢酶再次氧化，伯醇转化为脂肪酸或醛；脂肪酸经过 β-氧化转化为乙酰辅酶 A，随后进入三羧酸循环，被分解为 CO_2 和 H_2O。烷烃发生次末端氧化时会首先形成仲醇，仲醇经过脱氢酶作用转化为甲基酮；酮进一步代谢为酯，随后生成脂肪酸和伯醇；伯醇继续氧化为羧酸与醛，羧酸与脂肪酸经过 β-氧化进一步分解为 CO_2 和 H_2O。ω-氧化时，链烷烃被氧化成烷基过氧化氢，进一步转化为脂肪酸，脂肪酸经三羧酸循环分解为 CO_2 和 H_2O。

缺氧时，链烷烃可通过富马酸加成、脱氢羟化等途径降解。富马酸盐与烷烃结合，生成苄基琥珀酸；中间产物被琥珀酰辅酶 A 取代后进一步 β-氧化，产生苄基辅酶 A 和琥珀酰辅酶；反应过程中产生的富马酸盐则继续参与循环。硝酸盐还原条件下链烷烃也可直接脱氢变成烯烃。烯烃经过以辅酶Ⅱ(NADP)为主的一系列催化作用后产生醛和醇，醛和醇氧化后产生脂肪酸，脂肪酸发生还原脱羧反应，最后产生 CH_4 和 CO_2。

环烷烃比链烷烃更难被微生物降解，到目前为止仅发现少数微生物以环烷烃为唯一碳源。环烷烃的降解过程需要多种不同的氧化酶协同作用。环烷烃首先被氧化为环醇，脱氢后形成环酮，环酮氧化生成内酯。环酮也可直接开环生成脂肪酸，进一步通过 β-氧化分解为 CO_2 和 H_2O。

炔烃的降解反应是在炔烃水合酶的催化作用下生成烯醇互变异构体的中间化合物，迅速转变为酮互变异构体。与烷烃和烯烃水合作用产生酒精不同，炔烃水合作用产生酮作为其最终产物。

9.3 芳香烃的降解途径

芳香烃是环境中最常见的有机污染物之一。由于它们对包括人类在内的生物体具有高毒性作用，因此从受污染的系统中去除它们受到极大关注。芳香烃的好氧降解已经得到了广泛的研究和理解。然而，许多芳香族化合物最终进入了缺乏分子氧的环境，利用替代电子受体进行厌氧降解的研究要少得多。苯与短链烷基苯在脱氢酶及氧化还原酶的参与下，经二醇的中间过程代谢成苯邻二酚和取代基苯邻二酚。后者的芳香环可在邻位或间位处断裂，形成羧酸。

多环芳烃在原油中的含量虽只占 0.1% 左右，但由于它们的致癌活性及许多植物和微生物均能合成这类化合物，因此它们在环境中的行为和归宿不容忽视。多环芳烃难降解，但土壤及天然水中却很少见其累积，说明它们能够被生物降解。细菌对没有取代基的多环芳烃的最初酶解与苯相似。菲和蒽的生物降解与萘相似。至于更复杂的多环芳烃的生物降解过程,目前了解得很少。多环芳烃虽然比绝大多数烃类较难降解,但水中和土中的微生物还是能对其进行降解,有些微生物甚至能利用苯并(a)芘(Bap)作为唯一碳源。复杂的多环芳烃的生物降解的机理与简单同系物的机理相似。

多环芳烃的降解机理,多认为是共同代谢作用首先将环烷烃变成相应的醇和酮,后者再进一步氧化。烷烃取代的脂环烃比不含取代基的母体更易降解。能利用长链环己烷的微生物只能氧化侧链 C 原子数为奇数的环。环氧化的途径有以下两种:(1)嫌气条件下饱和环不加氧的断裂;(2)环的芳香化。菇烯的氧化,最初也是在环或取代甲基上进行,其分解途径与简单脂环烃的类似。

芳香烃的降解与烷烃、环烷烃或炔烃相比,由于降解过程涉及许多酶,降解路径更复杂。萘和2-甲基萘的降解途径如图9-4所示。代谢物使用2-甲基萘或萘期间可以通过GC/MS分析检测到中间体。代谢物为辅酶A酯衍生物。萘降解的两种可能的初始活化途径包括羧化途径和甲基化,其中甲基供体用括号表示,顺-2-羧基环己基乙酸最后进一步降解形成乙酰辅酶A和CO_2。

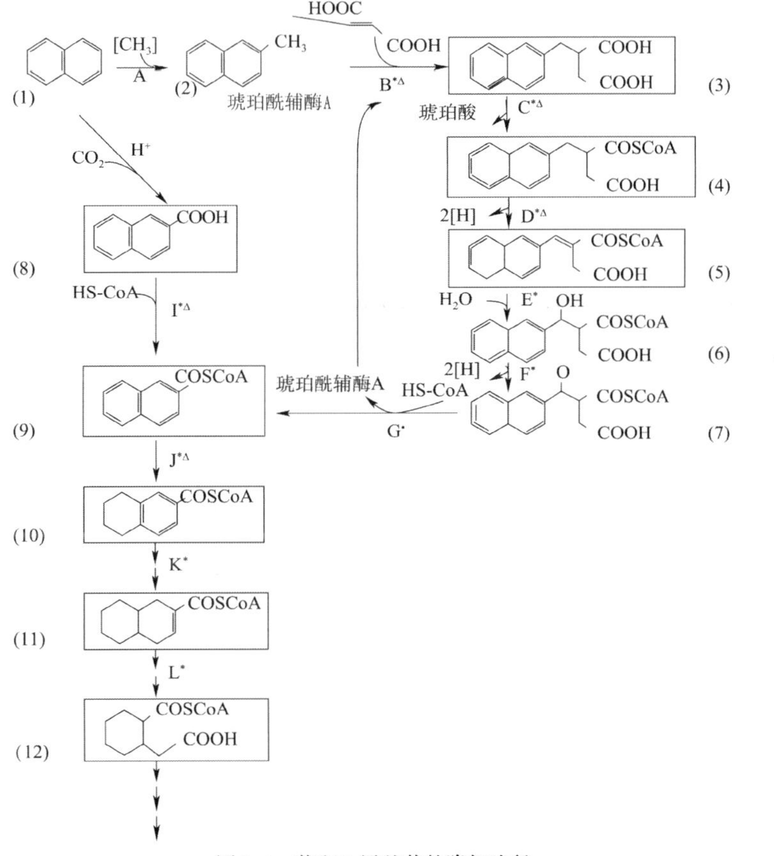

图9-4　萘和2-甲基萘的降解途径

(1)-萘;(2)-2-甲基萘;(3)-萘基-2-甲基-琥珀酸;(4)-萘基-2-甲基-琥珀酰-CoA;(5)-萘基-2-亚甲基-琥珀酰-CoA;(6)-萘基-2-羟甲基-琥珀酰-CoA;(7)-萘基-2-氧甲基-琥珀酰-CoA;(8)-萘甲酸;(9)-2-萘基-CoA;(10)-5,6,7,8-四氢-2-萘基-CoA;(11)-八氢-2-萘基-CoA;(12)-顺-2-羧基环己基-CoA;A-萘甲基转移酶;B-萘甲基-2-甲基琥珀酰合酶;C-萘甲基-2-甲基琥珀酰辅酶A转移酶;D-萘甲基-2-甲基琥珀酰辅酶A脱氢酶;E-萘甲基-2-亚甲基琥珀酰辅酶A水合酶;F-萘基-2-羟甲基-琥珀酰-CoA脱氢酶;G-萘基-2-氧甲基-琥珀酰-CoA硫酶;I-萘酚酰-CoA连接酶;J、K-2-萘酚酰-CoA还原酶;L-烯醇基-CoA水合酶苯是芳香烃的代表,微生物主要在好氧条件下完成芳香烃的降解。以苯为例,好氧条件下微生物通过苯环羟基化或羧基化途径实现苯环的开环,具体降解途径如图 9-5 所示。

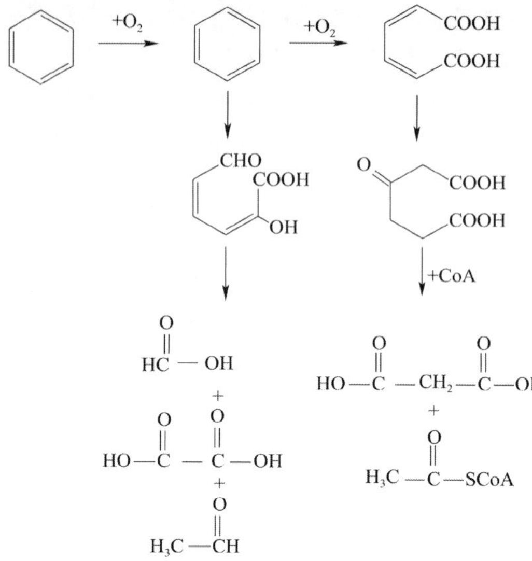

图 9-5　苯的好氧降解途径

首先双加氧酶将苯环羟基化,生成的邻苯二酚经过邻苯二酚双加氧酶的作用在邻位或间位开环。邻位开环生成己二烯二酸,经过再次氧化生成 β-酮己二酸,最后形成琥珀酸和乙酰辅酶 A 参与到三羧酸循环中。而间位开环生成 2-羟基己二烯半醛酸,开环产物分解为甲酸、乙醛和丙酮酸。

厌氧条件下,微生物可利用外源电子受体使芳香环活化。对于单个苯环的厌氧降解,主要有 3 种活化机制:甲基化、羟基化、羧基化。苯的厌氧降解途径如图 9-6 所示,苯经过转甲基酶、苄基脱氢酶、苯羟化酶作用分别生成甲苯、苯酚和苯甲酸。3 种中间产物皆转化为苯甲酰辅酶 A,经苯甲酰辅酶 A 还原酶作用生成 6-氧代环已烯-1-羰基-辅酶 A。产物经裂解生成 3-氧代庚酰基辅酶 A,随后转化为乙酰辅酶 A 和 CO_2。

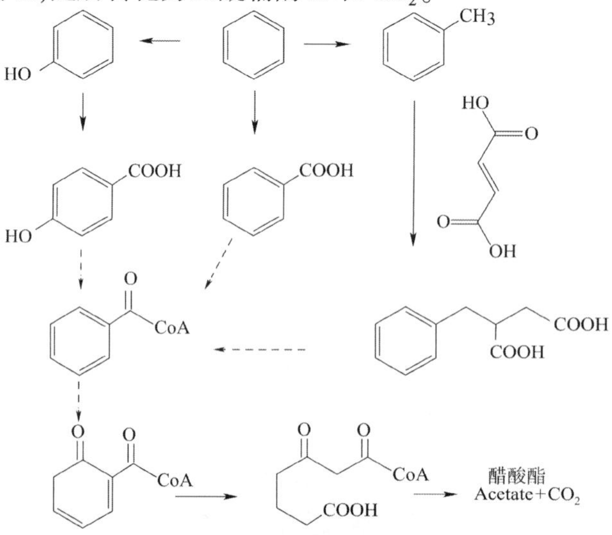

图 9-6　苯的厌氧降解途径

固定化菌群降解菲的代谢途径如图 9-7 所示。菲在第 3、4 位被双加氧酶羟基化,得到 3,4-二氢-3,4-二羟基菲,即菌群主要攻击 3、4-碳位置降解菲,再利用 1-羟-2-萘甲醛脱氢酶,脱氢得到 1-羟基-2-萘甲酸。邻苯二甲酸酯和水杨酸盐在菲的降解过程中起着重要的作用,降解中间产物根据降解菌的性质分别通过水杨酸和邻苯二甲酸小分子途径被降解,进入 TCA 循环。在以靶向材料为载体降解油污的过程中,由于降解菌及降解条件的不同,在降解过程中也可能会出现其他的中间代谢产物。菌群降解菲的代谢途径不止一条,而是同时拥有两条代谢途径。

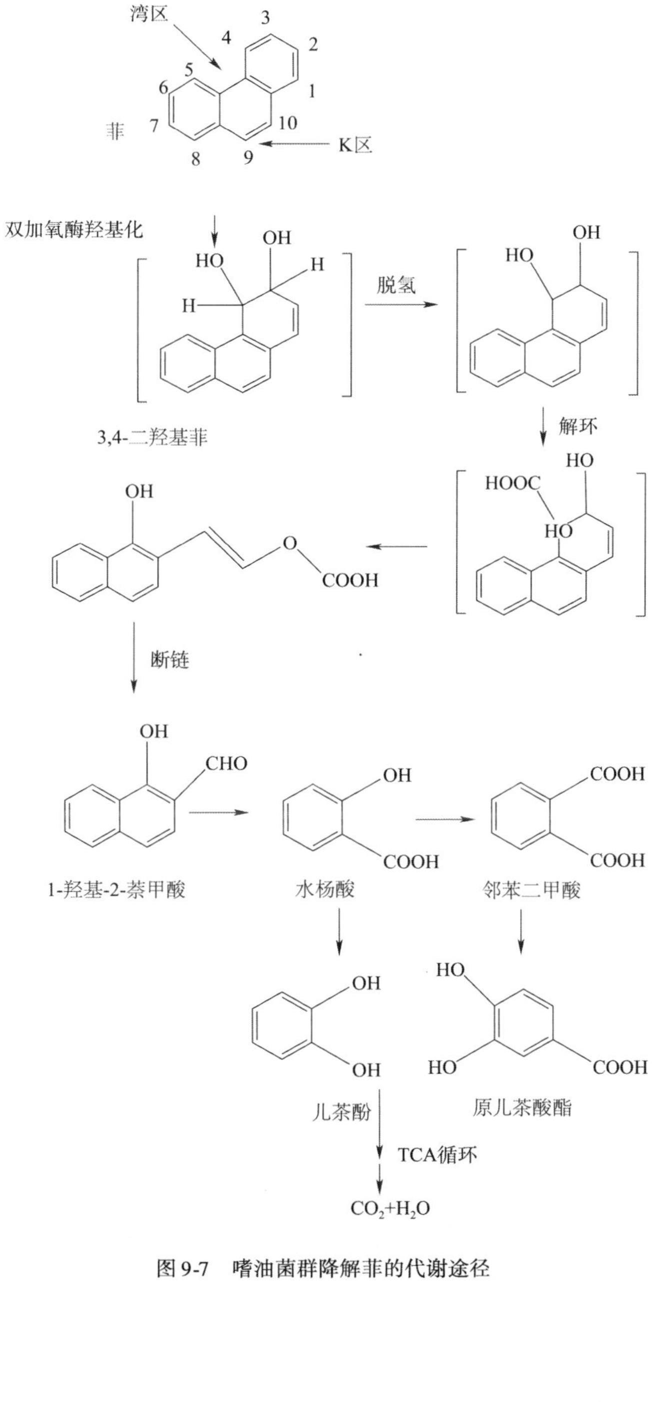

图 9-7 嗜油菌群降解菲的代谢途径

参考文献

[1] Agarwal A, Liu Y. Remediation technologies for oil-contaminated sediments[J]. Marine Pollution Bulletin, 2015, 101(1): 483-490.

[2] Aune M, Aniceto A S, Biuw M, et al. Seasonal ecology in ice-covered Arctic seas - Considerations for spill response decision making[J]. Marine Environmental Research, 2018, 141: 275-288.

[3] Shrestha N, Chilkoor G, Wilder J, et al. Potential water resource impacts of hydraulic fracturing from unconventional oil production in the Bakken shale[J]. Water Research, 2017, 108: 1-24.

[4] Islam M S, Tanaka M. Impacts of pollution on coastal and marine ecosystems including coastal and marine fisheries and approach for management: a review and synthesis[J]. Marine Pollution Bulletin, 2004, 48(7-8): 624-649.

[5] Penela-Arenaz M, Bellas J, Vázquez E. Chapter Five: Effects of the Prestige Oil Spill on the Biota of NW Spain: 5 Years of Learning[J]. Advances in Marine Biology, 2009, 56: 365-396.

[6] Zhang T, Li Z D, Lü Y F, et al. Recent progress and future prospects of oil-absorbing materials[J]. Chinese Journal of Chemical Engineering, 2019, 27(6): 1282-1295.

[7] Joye S B, Bracco A, Özgökmen T M, et al. The Gulf of Mexico ecosystem, six years after the Macondo oil well blowout[J]. Deep Sea Research Part II: Topical Studies in Oceanography, 2016, 129: 4-19.

[8] Lim M W, Lau E V, Poh P E. A comprehensive guide of remediation technologies for oil contaminated soil — Present works and future directions[J]. Marine Pollution Bulletin, 2016, 109(1); 14-45.

[9] Chaudhary D K, Kim J. New insights into bioremediation strategies for oil-contaminated soil in cold environments[J]. International Biodeterioration & Biodegradation, 2019, 142: 58-72.

[10] Chu W L, Dang N L, Kok Y Y, et al. Heavy metal pollution in Antarctica and its potential impacts on algae[J]. Polar Science, 2019, 20: 75-83.

[11] Beyer J, Trannum H C, Bakke T, et al. Collier, Environmental effects of the Deepwater Horizon oil spill: A review[J]. Marine Pollution Bulletin, 2016, 110(1); 28-51.

[12] Ukwe C N, Ibe C A. A regional collaborative approach in transboundary pollution management in the guinea current region of western Africa[J]. Ocean & Coastal Management,

2010, 53(9): 493-506.

[13] Brakstad O G, Lewis A, Beegle-Krause C J. A critical review of marine snow in the context of oil spills and oil spill dispersant treatment with focus on the Deepwater Horizon oil spill [J]. Marine Pollution Bulletin, 2018, 135: 346-356.

[14] Babatunde B B, Sikoki F D, Avwiri G O, et al. Review of the status of radioactivity profile in the oil and gas producing areas of the Niger delta region of Nigeria[J]. Journal of Environmental Radioactivity, 2019, 202: 66-73.

[15] Garshelis D L, Charles B. Johnson. Prolonged recovery of sea otters from the Exxon Valdez oil spill? A re-examination of the evidence[J]. Marine Pollution Bulletin, 2013, 71(1-2): 7-19.

[16] Jacob J M, Karthik C, Saratale R G, et al. Biological approaches to tackle heavy metal pollution: A survey of literature [J]. Journal of Environmental Management, 2018, 217: 56-70.

[17] Yue X J, Li Z D, Zhang T, et al. Design and fabrication of superwetting fiber-based membranes for oil/water separation applications[J]. Chemical Engineering Journal, 2019, 364: 292-309.

[18] Qiao K L, Tian W J, Bai J, et al. Application of magnetic adsorbents based on iron oxide nanoparticles for oil spill remediation: A review [J]. Journal of the Taiwan Institute of Chemical Engineers, 2019, 97: 227-236.

[19] James L D. Modelling pollution dispersion, the ecosystem and water quality in coastal waters: a review[J]. Environmental Modelling & Software, 2002, 17(4): 363-385.

[20] Varjani S J. Microbial degradation of petroleum hydrocarbons[J]. Bioresource Technology, 2017, 223: 277-286.

[21] Gore P M, Naebe M, Wang X G, et al. Progress in silk materials for integrated water treatments: Fabrication, modification and applications [J]. Chemical Engineering Journal, 2019, 374: 437-470.

[22] Earn A, Bucci K, Rochman C M. A systematic review of the literature on plastic pollution in the Laurentian Great Lakes and its effects on freshwater biota[J]. Journal of Great Lakes Research, 2021, 47(1): 120-133.

[23] Hui K L, Tang J, Lu H J, et al. Status and prospect of oil recovery from oily sludge: A review[J]. Arabian Journal of Chemistry, 2020, 13(8): 6523-6543.

[24] Vergeynst L, Wegeberg S, Aamand J, et al. Biodegradation of marine oil spills in the Arctic with a Greenland perspective[J]. Science of The Total Environment, 2018, 626: 1243-1258.

[25] Mapelli F, Scoma A, Michoud G, et al. Biotechnologies for Marine Oil Spill Cleanup: Indissoluble Ties with Microorganisms [J]. Trends in Biotechnology, 2017, 35(9): 860-870.

[26] Sun Y Q, Wang D, Tsang D C W, et al. A critical review of risks, characteristics, and

treatment strategies for potentially toxic elements in wastewater from shale gas extraction [J]. Environment International, 2019, 125: 452-469.

[27] Wang X F, Yu J Y, Sun G, et al. Electrospun nanofibrous materials: a versatile medium for effective oil/water separation[J]. Materials Today, 2016, 19(7): 403-414.

[28] Ron E Z, Rosenberg E. Enhanced bioremediation of oil spills in the sea[J]. Current Opinion in Biotechnology, 2014, 27: 191-194.

[29] Motta F L, Stoyanov S R, Soares J B P. Application of solidifiers for oil spill containment: A review[J]. Chemosphere, 2018, 194: 837-846.

[30] Santos J J D, Maranho L T. Rhizospheric microorganisms as a solution for the recovery of soils contaminated by petroleum: A review [J]. Journal of Environmental Management, 2018, 210: 104-113.

[31] Oebius H U. Physical Properties and Processes that Influence the Clean Up of Oil Spills in the Marine Environment [J]. Spill Science & Technology Bulletin, 1999, 5 (3-4): 177-289.

[32] Naser H A. Assessment and management of heavy metal pollution in the marine environment of the Arabian Gulf: A review[J]. Marine Pollution Bulletin, 2013, 72(1): 6-13.

[33] Revitt D M, Lundy L, Coulon F, et al. The sources impact and management of car park runoff pollution: A review [J]. Journal of Environmental Management, 2014, 146: 552-567.

[34] Cunha I, Moreira S, Santos M M. Review on hazardous and noxious substances (HNS) involved in marine spill incidents—An online database[J]. Journal of Hazardous Materials, 2015, 285: 509-516.

[35] Pintor A M A, Vilar V J P, Botelho C M S, et al. Oil and grease removal from wastewaters: Sorption treatment as an alternative to state-of-the-art technologies. A critical review[J]. Chemical Engineering Journal, 2016, 297: 229-255.

[36] Peng B L, Yao Z L, Wang X C, et al. Cellulose-based materials in wastewater treatment of petroleum industry[J]. Green Energy & Environment, 2020, 5(1): 37-49.

[37] Freije A M. Heavy metal, trace element and petroleum hydrocarbon pollution in the Arabian Gulf: Review[J]. Journal of the Association of Arab Universities for Basic and Applied Sciences, 2015, 17: 90-100.

[38] Longpre D, Jarry V, Fortin M J. Environmental impact sampling designs used to evaluate accidental spills[J]. Spill Science & Technology Bulletin, 1997, 4(3): 133-139.

[39] Daly K L, Passow U, Chanton J, et al. Assessing the impacts of oil-associated marine snow formation and sedimentation during and after the Deepwater Horizon oil spill[J]. Anthropocene, 2016, 13: 18-33.

[40] Wahi R, Chuah L A, Choong T S Y, et al. Oil removal from aqueous state by natural fibrous sorbent: An overview[J]. Separation and Purification Technology, 2013, 113: 51-63.

[41] Turner N R, Renegar D A. Petroleum hydrocarbon toxicity to corals: A review[J]. Marine

Pollution Bulletin, 2017, 119(2): 1-16.

[42] Balise V D, Meng C X, Cornelius-Green J N, et al. Systematic review of the association between oil and natural gas extraction processes and human reproduction[J]. Fertility and Sterility, 2016, 106(4): 795-819.

[43] Wang Z D, Fingas M, Page D S. Oil spill identification[J]. Journal of Chromatography A, 1999, 843(1-2): 369-411.

[44] Gong Y Y, Zhao X, Cai Z Q, et al. A review of oil, dispersed oil and sediment interactions in the aquatic environment: Influence on the fate, transport and remediation of oil spills [J]. Marine Pollution Bulletin, 2014, 79(1-2): 16-33.

[45] Quintella C M, Mata A M T, Lima L C P. Overview of bioremediation with technology assessment and emphasis on fungal bioremediation of oil contaminated soils[J]. Journal of Environmental Management, 2019, 241: 156-166.

[46] Karlapudi A P, Venkateswarulu T C, Tammineedi J, et al. Role of biosurfactants in bioremediation of oil pollution-a review[J]. Petroleum, 2018, 4(3): 241-249.

[47] Li P, Cai Q H, Lin W Y, et al. Offshore oil spill response practices and emerging challenges[J]. Marine Pollution Bulletin, 2016, 110(1): 6-27.

[48] Liu L, Bilal M, Duan X G, et al. Iqbal, Mitigation of environmental pollution by genetically engineered bacteria — Current challenges and future perspectives[J]. Science of The Total Environment, 2019, 667: 444-454.

[49] BefkaduA A, Chen Q Y. Surfactant-Enhanced Soil Washing for Removal of Petroleum Hydrocarbons from Contaminated Soils: A Review[J]. Pedosphere, 2018, 28(3): 383-410.

[50] Al-Hawash A B, Dragh M A, Li S, et al. Principles of microbial degradation of petroleum hydrocarbons in the environment[J]. The Egyptian Journal of Aquatic Research, 2018, 44 (2): 71-76.

[51] Ahmad T, Aadil P M, Ahmed H, et al. Treatment and utilization of dairy industrial waste: A review[J]. Trends in Food Science & Technology, 2019, 88: 361-372.

[52] Farré M. Remote and in situ devices for the assessment of marine contaminants of emerging concern and plastic debris detection[J]. Current Opinion in Environmental Science & Health, 2020, 18: 79-94.

[53] Saleem J, Riaz M A, Gordon M. Oil sorbents from plastic wastes and polymers: A review [J]. Journal of Hazardous Materials, 2018, 341: 424-437.

[54] Bejarano A C, Michel J. Oil spills and their impacts on sand beach invertebrate communities: A literature review[J]. Environmental Pollution, 2016, 218: 709-722.

[55] Hoff R Z. Bioremediation: an overview of its development and use for oil spill cleanup[J]. Marine Pollution Bulletin, 1993, 26(9): 476-481.

[56] Potapowicz J, Szumińska D, Szopińska M, et al. The influence of global climate change on the environmental fate of anthropogenic pollution released from the permafrost: Part I. Case study of Antarctica[J]. Science of The Total Environment, 2019,651: 1534-1548.

[57] 李灏. 亲油性营养物质对海洋石油污染生物修复的促进作用研究[J]. 应用能源技术, 2017(09): 12-15.

[58] 陈实. 绿色水运发展现状与对策分析[J]. 交通运输部管理干部学院学报, 2016, 26(03): 15-20.

[59] 董文婉, 王彦昌, 吴军涛. 墨西哥湾溢油事件生态影响分析[J]. 油气田环境保护, 2020, 30(06): 47-50.

[60] 宋虹, 柴英辉, 刘胜男, 等. 海洋石油污染的生物修复与微生物降解[J]. 江西水产科技, 2019(01): 40.

[61] 白鹭, 吴春英, 谷风. 固定化微生物对石油污染土壤修复条件优化研究[J]. 有色金属(冶炼部分), 2021(03): 51-56.

[62] 胡先怡, 王爱玲, 王平, 等. 石油污染土壤的生物修复技术初探[J]. 资源节约与环保, 2021(01): 39-40.

[63] 侯爽爽, 吴蔓莉, 肖贺月, 等. 不同污染时长土壤中石油烃的生物去除特性及影响因素[J]. 农业环境科学学报, 2021, 40(5): 1034-1042.

[64] 王春霞, 代金霞. 盐池采油区污染土壤修复技术研究[J]. 环境与发展, 2020, 32(12): 93-94.

[65] 王钰涔. 土壤污染治理中生物修复技术的运用分析[J]. 资源节约与环保, 2020(12): 18-19.

[66] 赵宇通. 石油污染土地生物修复技术及其前景[J]. 生物化工, 2020, 6(06): 146-147.

[67] 李照, 许玉玉, 张世凯, 等. 海洋溢油污染及修复技术研究进展[J]. 山东建筑大学学报, 2020, 35(06): 69-75.

[68] 张腾飞, 黄玉杰, 季蕾, 等. 石油污染土壤生物修复技术研究进展[J]. 山东科学, 2020, 33(05): 106-112.

[69] 丁强, 刘海华. 微生物法处理石油污染土壤的研究进展[J]. 工业催化, 2020, 28(09): 22-26.

[70] 李丽, 董万涛, 张兴, 等. 石油污染土壤修复技术研究进展[J]. 四川环境, 2020, 39(04): 200-205.

[71] 姜艳丽, 张笑, 李欣, 等. 钛网表面 Fe_3O_4/FeS_2 膜层制备及其类芬顿降解苯酚研究[J]. 材料科学与工艺: 1-13.

[72] 蒋郑峰, 郑殿秋, 陈昱光, 等. 聚氨酯泡沫材料对氰降解菌固定化影响的研究[J]. 现代化工 2021, 41(4): 136-140.

[73] 王朝旭, 任静. 改性生物炭固定异养硝化菌对水中低浓度氨氮的去除[J]. 环境污染与防治, 2021, 43(02): 139-144.

[74] 张莉红, 李杰, 王亚娥, 等. 精细化工废水处理工艺研究及工程实践[J]. 给水排水, 2021, 57(02): 90-94.

[75] 邹月, 黄金凤, 魏琴. 功能性低聚糖的研究进展及应用现状[J]. 中国调味品, 2021, 46(02): 180-185.

[76] 于红艳，张昕欣，江巧文，等. 生物炭菌剂对多环芳烃的吸附及降解作用研究[J]. 环境科学与技术,2020,43(12):126-130.

[77] 李琋，王雅璇，罗廷，等. 利用生物炭负载微生物修复石油烃-镉复合污染土壤[J]. 环境工程学报，2021，15(02)：677-687.

[78] 张振霞，徐炜，吴昊，等. 玉米赤霉烯酮内酯水解酶的鉴定，改造及应用[J]. 食品与发酵工业 2021,47(7):285-291.

[79] 何洋，江鹏，赵义平，等. 漆酶固定化聚偏氟乙烯膜的制备及其染料降解性能[J]. 天津工业大学学报，2020，39(06)：21-27.

[80] 杨宗政，许文帅，吴志国，等. 微生物固定化及其在环境污染治理中的应用研究进展[J]. 微生物学通报，2020，47(12)：4278-4292.

[81] 任静，沈佳敏，张磊，等. 生物炭固定化多环芳烃高效降解菌剂的制备及稳定性[J]. 环境科学学报，2020，40(12)：4517-4523.

[82] 黄文媛，孙士杰，唐宏震，等. 聚氨酯泡沫固定化 *Alcaligenes* sp. DN25 去除苯酚的研究[J]. 化工学报,2021,72(5):2783-2791.

[83] 朱超，张文婷，段翠花，等. 低温油脂降解菌的分离和菌剂构建及中试验证[J]. 皮革科学与工程，2020，30(06)：21-27.

[84] 李林洲，颜玉玺，金博强，等. 净化挥发性有机物生物滤塔填料研究进展[J]. 环境科学与技术，2020，43(09)：52-58.

[85] 戴云飞，杨泽玉，陈颖，等. 聚乙烯醇-海藻酸钠-活性炭固定化菌球处理二氯甲烷的研究[J]. 环境科学学报，2021，41(02)：430-439.